V

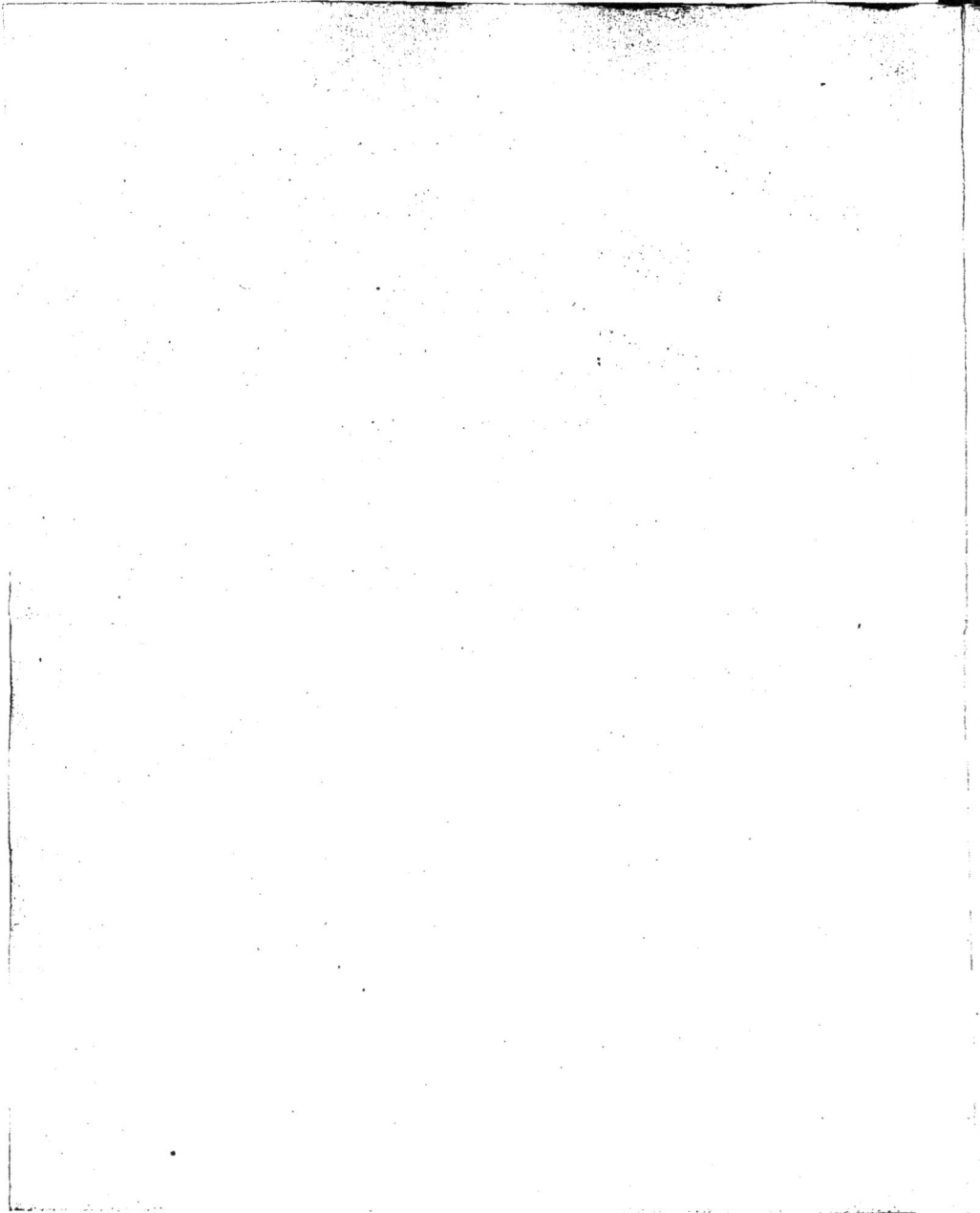

AVIS

DE LA

COMMISSION D'ENQUÊTE·

SUR

LES PROJETS DE TRAVAUX DE DÉFENSE

DE

LA VILLE DE TARASCON

DE SON TERRITOIRE ET DES TERRITOIRES INFÉRIEURS

et sur la Répartition des Dépenses de ces Travaux

ENTRE ELLE, LA COMPAGNIE DU CHEMIN DE FER DE LYON A LA MÉDITERRANÉE,
ET LES COMMUNES OU TERRITOIRES INTÉRESSÉS.

ARLES.

IMPRIMERIE ET LITHOGRAPHIE VEUVE CERF, RUE DU SAUVAGE, 7.

—

1858.

C.

AVIS

DE LA

COMMISSION D'ENQUÊTE

SUR

LES PROJETS DE TRAVAUX DE DÉFENSE

DE LA

Ville de Tarascon, de son Territoire et des Territoires inférieurs

ET SUR LA RÉPARTITION DES DÉPENSES DE CES TRAVAUX

entre l'Etat, la Compagnie du Chemin de Fer de Lyon à la Méditerranée
et les Communes ou territoires intéressés.

———————

L'an mil huit cent cinquante-huit et le douze mars, à neuf heures du matin, s'est réunie dans une salle de l'Hôtel-de-Ville d'Arles, la Commission d'enquête nommée par l'arrêté du Préfet des Bouches-du-Rhône du 27 janvier dernier, pour examiner les déclarations consignées au registre d'enquête ; entendre, s'il y a lieu, MM. les ingénieurs des Ponts et Chaussées ; recueillir tous renseignements sur les projets dressés par MM. les ingénieurs de la navigation du Rhône pour la défense de la ville et du territoire de Tarascon contre les inondations, lesdits projets ayant pour objet : 1° l'exhaussement des quais de Tarascon ; 2° l'exhaussement et la consolidation de la digue de la Montagnette ou l'établissement d'une défense nouvelle suivant le tracé M L K, marqué en jaune sur le plan ; 3° Le complément de la protection de la plaine en aval de Tarascon , par l'exhaussement des remblais du chemin de fer entre les points S et X du plan.

Etaient également mises à l'enquête : 1° La question du relèvement du tablier du pont suspendu de Beaucaire ; 2° la répartition suivante , entre l'Etat et les divers intéressés , des dépenses résultant des travaux , à l'exception de celle du relèvement du pont , dont la répartition est ajournée , savoir :

Pour l'exhaussement du quai de Tarascon , l'Etat deux tiers , la ville de Tarascon un tiers.

Pour les travaux de la digue de la Montagnette ou pour la défense nouvelle suivant le tracé M L K , l'Etat un tiers , la ville un sixième , le chemin de fer un sixième, les territoires inondables, chaque commune ou syndicat devant contribuer en proportion des dommages essuyés en 1856 , un tiers.

Pour l'exhaussement des remblais du chemin de fer à l'aval de Tarascon , l'Etat pour un tiers ; le chemin de fer pour un tiers ; les territoires inondables , chaque commune ou syndicat devant contribuer en proportion des dommages essuyés en 1856 , un tiers.

Etaient présents : MM. FORNIER DE VIOLET , président du tribunal de première instance de Tarascon , Président de la Commission ; PERRIN DE JONQUIÈRES , propriétaire ; BOUVIER , propriétaire , ancien ingénieur en chef directeur des Ponts et Chaussées ; CARTIER , propriétaire ; ANDRÉ , propriétaire ; AUDIBERT , propriétaire ; ROUGEMONT , propriétaire.

La Commission se trouvant ainsi au complet de ses membres , M. FORNIER DE VIOLET , son président, a donné lecture de l'arrêté du Préfet des Bouches-du-Rhône du 27 janvier 1857 , qui institue la Commission et l'a invitée à compléter sa constitution par le choix d'un secrétaire. M. PERRIN DE JONQUIÈRES, est unanimement choisi en cette qualité.

Lecture est ensuite donnée à la Commission des déclarations consignées sur le registre d'enquête ou annexées à ce registre ; deux lettres , l'une de M. le Maire d'Arles, l'autre de l'ingénieur, chef du service des travaux de la compagnie du chemin de fer de Lyon à la Méditerranée , annonçant les déclarations du conseil municipal et de la compagnie , pour une prochaine séance de la Commission, celle-ci s'est ajournée au lundi 22 mars , pour la continuation de ses travaux , et entendre M. Rondel , ingénieur ordinaire du service du Rhône.

Séance du lundi 22 mars.

Le lundi 22 mars , à neuf heures du matin , la Commission s'est réunie à l'hôtel-de-ville d'Arles. Tous ses membres étaient présents, ainsi que M. l'ingénieur Rondel.

Lecture a été donnée à la Commission d'une délibération du conseil municipal d'Arles, sur les fins de l'enquête. Les observations annoncées par l'administration de la compagnie du chemin de fer de Lyon à la Méditerranée , n'étant pas parvenues, la Commission a divisé ainsi qu'il suit ses études : 1° Projets des travaux ; 2° mode et proportion de la répartition des dépenses.

Exhaussement des Quais de Tarascon et du Tablier du Pont de Beaucaire.

Description des Travaux. Quais de Tarascon.

Le projet comprend l'exhaussement des quais et du parapet de défense de la ville de Tarascon , sur toute leur longueur , entre le château et le viaduc du chemin de fer de Lyon à la Méditerranée.

Les travaux se répartiraient en quatre sections , savoir :

1° L'exhaussement proprement dit des quais et du parapet de défense de la ville de Tarascon ;

2° Restauration et consolidation des anciens murs du quai ;

3° Barrage à poutrelles destiné à fermer aux eaux en temps de crue , le passage de la rampe d'abordage du port de Tarascon.

4° Barrage à poutrelles à établir au sommet du grand escalier accédant des bords du Rhône au quai supérieur.

La dépense totale de ce projet, y compris une somme à valoir de 11,056 fr. 09, est portée au détail estimatif à soixante mille francs.

Avis de la commission Aucune observation importante et sérieuse ne s'étant produite à l'enquête à l'en-
contre du principe de ce projet et de ses dispositions , la Commission d'enquête émet
à l'unanimité un avis favorable à son exécution ; observant toutes fois que , lors de
la crue du 31 mai 1856 , des infiltrations menaçantes s'étant manifestées à travers
les murs de l'abattoir et par une porte non suffisamment murée du château ; il importe que ces infiltrations soient arrêtées par des consolidations nécessaires. La ligne
de défense entre le château de Tarascon et le pont du viaduc du chemin de fer res-
tera incomplète , tant que le pont suspendu entre Tarascon et Beaucaire ne sera pas
lui-même exhaussé ; le tablier de ce pont faisait barrage lors de la crue du 31 mai
1856 , il serait incontestablement détruit par les eaux plus élevées encore en prévision desquelles les projets des nouveaux travaux sont conçus. La destruction du
tablier du pont de Beaucaire entraînerait la ruine de la culée contre laquelle sa char-
pente s'enracine et s'appuie, et une brèche s'ouvrirait au centre des quais de Tarascon. Le tablier du pont entraîné par les eaux rencontrerait à peu de distance en
aval le viaduc du chemin de fer sur le Rhône , il barrerait le passage des eaux ,
occasionnerait un effroyable remous menaçant pour le viaduc lui-même et pour tous
les intérêts que l'ensemble du projet a pour but de sauvegarder.

La Commission émet donc l'avis, que la question du relèvement du tablier
et les abords du pont suspendu, soit vidée en même temps que toutes celles
qui se rattachent à la défense de Tarascon , et que le travail du relèvement du
tablier et des abords de ce pont s'exécute simultanément avec les autres
travaux.

Exhaussement et consolidation de la digue de la Montagnette.

Exhaussement et
Consolidation
de la digue
de la Montagnette

Le système définitif projeté en amont de la ville de Tarascon consisterait dans
l'exhaussement et la consolidation de la digue actuelle qui relie la Montagnette
au rocher sur lequel est bâti le château de Tarascon. Cette digue serait exhaussée
avec une revanche qui varierait de l'amont à l'aval de 2 mètres à un mètre
cinquante sur la crue du 31 mai 1856. Les travaux confortatifs de cette digue
formeraient deux sections. La première de la Montagnette au profil n° 25,
extrémité amont de la promenade de Tarascon; la seconde du profil 25, à l'abattoir
accolé au château de Tarascon.

Sur la première section, le couronnement de la digue serait doublé et porté à 4 mètres avec talus incliné de un de base sur un de hauteur du côté du Rhône, et deux de base pour un de hauteur du côté des terres. Le talus extérieur recevrait un double revêtement imperméable fondé à 1 m. 50 c. en contre-bas du pied de la digue et composé d'une couche de 0 m. 12 c. de béton, portant un perré maçonné de 0 m. 33 c. d'épaisseur. Le talus intérieur serait recouvert à 3 m. en contre-bas du couronnement d'un revêtement de blocages perreyés à larges joints et de 0 m. 30 c. d'épaisseur, reposant sur une couche inférieure de gravier de 0 m. 30 c. d'épaisseur également.

Sur la seconde section, un profil spécial avait été étudié pouvant se concilier avec la conservation des arbres qui ombragent cette partie de la digue et qui forment une magnifique promenade de 1,250 mètres de longueur. Les travaux de consolidation consistaient, indépendamment du rehaussement général, en un massif en béton de 0 m. 80 c. d'épaisseur, fondé à 1 m. 50 c. en contre-bas du terrain naturel et couronné d'un parapet en pierres de taille de 1 m. de hauteur. Le Conseil général des Ponts et Chaussées, considérant l'existence des arbres comme un danger pour la digue, le projet a été modifié et la seconde section recevrait l'application du profil de la première; ce changement augmenterait la dépense d'environ trente mille francs.

L'exhaussement et la consolidation de la digue de la Montagnette, selon les dispositions qui viennent d'être sommairement indiquées, coûterait sept cent dix mille francs y compris une somme à valoir de 72,317 fr.

Les effroyables dangers qui menacent la ville de Tarascon, depuis l'établisse- Déclarations à l'enquête. ment du chemin de fer de Lyon à la Méditerranée, selon les dispositions déplorables adoptées aux abords de cette ville, avaient trop vivement ému le sentiment public, pour que, dès cet établissement du chemin de fer, des moyens efficaces de protection n'aient été recherchés pour sauver la fortune et la vie d'une population de 12,000 habitants. Ces moyens de protection avaient été promis par la Compagnie du chemin de fer lors des enquêtes; ils n'ont point été appliqués. La cruelle expérience du 31 mai 1856, en donnant aux plus sinistres prévisions l'autorité d'un fait accompli, a surexcité encore la tendance des esprits vers l'étude d'un système de travaux qui devrait assurer à jamais tant d'existences menacées. Aussi, avant l'enquête plusieurs pétitions et délibérations avaient été adressées à l'admisnistration supérieure dans le but de servir à l'étude des projets; et, lorsque le système projeté par MM. les Ingénieurs a été mis à l'enquête, des préoccupations aussi vives, aussi bien justifiées devaient se produire de nouveau, soit sur le registre d'enquête, soit au sein de la Commission.

Conseil municipal de Tarascon.

Une délibération du Conseil municipal de Tarascon, à la date du 5 mars 1858, conclut à ce que l'un des talus de la chaussée de la Montagnette soit revêtu d'un mur d'une épaisseur de deux et même trois mètres, si cela est nécessaire, élevé sur de larges et profondes fondations et placé en liaison intime avec le remblais existant.

Syndicat des Chaussées de Tarascon.

Une délibération de l'association des chaussées de Tarascon, à la date du 28 mars 1858, porte une conclusion identique. Une pétition signée par un grand nombre de propriétaires dans le territoire de Tarascon, déclare que, tout en reconnaissant que la digue de la Montagnette dans son état actuel suffit à la protection des intérêts agricoles, elle ne saurait inspirer la sécurité nécessaire au salut d'une ville de douze mille âmes qu'autant qu'elle serait revêtue d'un mur à fondations profondes.

M. de Réginel.

M. de Réginel, propriétaire à Tarascon, demande l'établissement d'une nouvelle digue insubmersible, fortifiée de manière à être à l'abri de toute rupture, et qui, suivant la crête des terrains les plus élevés des bords du Rhône depuis la partie de la digue actuelle la plus rapprochée du château de Tarascon, irait s'enraciner à tel point ultérieurement choisi de la chaîne de la Montagnette.

MM. Audibert, de Présolles, Cary, etc.

Les sieurs Audibert, de Présolles, Cary et consorts, maires ou propriétaires intéressés des communes de Tarascon, Vallabrègues, St-Pierre-de-Mézoargues et Boulbon, demandent aussi la construction d'une digue nouvelle, partant en aval du même point désigné par M. de Réginel, mais allant se souder en amont aux digues de St-Pierre et de Boulbon, suffisamment consolidées.

Subsidiairement, M. de Réginel demande l'adoption de la partie du deuxième projet étudié par MM. les Ingénieurs et indiqués par la ligne jaune du plan général qui, partant du château de Tarascon, irait se rattacher au point L de la ligne du chemin de fer. Cette chaussée nouvelle construite avec toute la force désirable et dotée d'une revanche en hauteur sur le remblais qui porte la voie ferrée, servirait de boulevart à la ville de Tarascon et assurerait sa sécurité complète, alors même que la première ligne de défense, celle de la Montagnette, succomberait à l'effort des eaux.

Enfin, M. Fornier de Violet, Président de la Commission, a développé dans son sein les considérations suivantes à l'appui des conclusions subsidiaires de M. de Réginel. MM. André et Audibert y ont adhéré et ont demandé leur insertion textuelle dans le procès-verbal.

« Le projet soumis à l'enquête pour la défense de la ville de Tarascon et de son » territoire, ne protége que d'une manière incomplète les intérêts qu'il est destiné » à sauvegarder. L'insuffisance de cette protection est manifeste en ce qui concerne » la ville.

Observations
de
MM Fornier de Violet
André et Audibert.

» Sans doute, ce projet augmente momentanément la sécurité des habitants; mais, » qui oserait affirmer, que la nouvelle digue transversale au cours du fleuve, » difficile à surveiller, à cause de sa longueur de cinq kilomètres, et assise sur un » lit de gravier, sera plus indestructible que les anciennes? Depuis vingt-ans, cette » chaussée de la Montagnette, successivement exhaussée et fortifiée, a été quatre » fois rompue ; et chaque fois, les inondations s'accroissant, pour ainsi dire, avec » les barrières nouvelles qu'on leur avaient opposées, ont déjoué les prévisions » qui paraissaient les mieux fondées. M. l'Ingénieur en chef de la navigation du » Rhône reconnaît dans son rapport au Conseil général du département, que la » protection qu'on attribue aux digues insubmersibles est illusoire ; et M. l'Ingénieur, » directeur de l'exploitation du chemin de fer de Lyon à la Méditerranée déclare, » dans les observations qu'il a soumises à la Commission d'enquête, que la digue » projetée ne lui inspire aucune confiance et qu'elle ne résistera pas mieux que par » le passé aux efforts de son terrible adversaire.

» En présence des tristes leçons de l'expérience, d'accord avec les opinions des » hommes spéciaux, y a-t-il quelque témérité à dire que, malgré l'exhaussement » et la consolidation proposés, la chaussée de la Montagnette sera aussi un jour » emportée ; ou bien, si elle résiste, que le Rhône, resserré dans l'étroite section » d'écoulement qui sépare Tarascon de Beaucaire, surmontera les quais qui consti- » tuent notre défense du côté du couchant ?

2

» N'est-il pas certain que , dans l'une ou l'autre de ces hypothèses , la ville sera
» balayée, et que, ce surcroit de garantie n'aura fait qu'aggraver une situation déjà
» si périlleuse.

» Là est le vice du projet ; il donne une probabilité au lieu d'une certitude, et
» place sous le même niveau de protection, la vie de 12,000 habitants et les récol-
» tes de leurs champs. Et, en cela, il ne répond ni à la haute sollicitude que l'Em-
» pereur a manifestée pour les populations pendant l'inondation de 1856 , ni à la
» pensée si prévoyante qui a affecté une somme de vingt millions à l'achèvement
» des travaux destinés à mettre *les villes* à l'abri des inondations.

» Il est superflu de faire remarquer, combien différents sont les résultats d'une
» inondation dans les champs ou dans une ville ; et que , si les désastres qui attei-
» gnent une population dans sa fortune mobilière, dans son industrie et jusque
» dans son existence , sont irréparables , il n'en est pas de même de la perte d'une
» récolte , qui est , quelquefois, compensée par une bonification du sol ou par une
» production plus abondante les années qui suivent.

» Evidemment, il y a là en présence deux ordres d'intérêts distincts, respectables
» à des titres divers , mais dont l'un doit être sacrifié à l'autre dans un évènement
» de force majeure. Il faut, à un moment donné, qu'une récolte périsse plutôt qu'une
» ville ; et qu'il y ait tout à la fois une défense générale pour le territoire et une dé-
» fense particulière pour la ville, combinées de telle sorte, que la première suc-
» combe pour le salut de la deuxième.

» MM. les Ingénieurs trouveront facilement la solution de cette difficulté.

» L'aspect des lieux semble indiquer, que ce double but serait atteint, par la cons-
» truction d'une muraille dont la tête s'appuyerait sur le rocher du Château, au point
» M, et l'extrémité viendrait aboutir au chemin de fer, près le pont de la route
» d'Avignon, au point L. Il suffirait , mais ce serait indispensable , que cette mu-
» raille fût établie dans des conditions de solidité et d'exhaussement supérieures à
» la partie du chemin de fer comprise entre les points L et K , c'est-à-dire, entre
» l'extrémité de la muraille et la Montagnette.

» La chaussée actuelle de la Montagnette , convenablement réparée , continue-

» rait à protéger les terrains inférieurs contre les débordements du Rhône qui ne
» se transforment pas en véritables cataclysmes ; mais, lorsque les eaux du fleuve
» s'élèveront à une hauteur telle qu'aucune puissance humaine ne peut les maîtriser,
» et qu'un lit supplémentaire leur est nécessaire , la chaussée de la Montagnette
» et le chemin de fer leur serviront de déversoir , et une ville intéressante par
» sa population et sa richesse ne sera pas engloutie.

    » Il est essentiel de faire observer, que ces travaux de défense, qui ne sont que
» l'exécution littérale des promesses faites en 1844 par M. le Directeur en chef de la
» compagnie du chemin de fer devant le conseil municipal de Tarascon et devant la
» Commission d'enquête , pourraient être singulièrement simplifiés par un change-
» ment apporté à la construction de la chaussée du chemin de fer. Avant la création
» de la voie ferrée , les eaux d'inondation avaient leur pente naturelle à travers la
» plaine qui sépare Tarascon de la Montagnette et ne pénétraient dans une partie de
» la ville que lentement et à une hauteur de un mètre à un mètre 50 : Depuis que
» la chaussée massive qui sert d'assiette au chemin de fer a barré cette plaine , les
» eaux sont refoulées dans la ville avec une violence et une élévation telles que
» dans quelques quartiers, le premier étage, et dans d'autres, les toits des maisons,
» ont été submergés.

    » L'inondation de 1856 a démontré que la levée du chemin de fer , n'était une
» garantie pour personne , mais seulement un obstacle et une cause de ruine pour
» Tarascon. Pourquoi le chemin de fer ne rétablirait-il pas cette servitude d'écou-
» lement qui dérivait de la situation naturelle des lieux? En vue même de sa propre
« conservation , n'est-il pas évidemment intéressé à remplacer par un viaduc de
» 200 à 250 mètres le terre-plein menaçant qui ferme le passage des eaux et qui
» cédera toujours aux efforts des eaux ou des hommes ? Il serait à désirer que l'Etat
» prit à sa charge une partie de cette dépense et contribuât, sur les crédits disponi-
» bles, à élever des ouvrages dont l'utilité n'est pas contestable, puisqu'ils auraient
» tout à la fois pour résultat , de sauver d'une destruction imminente la ville de
» Tarascon et de placer hors des atteintes de l'inondation une voie de communica-
» tion dont l'importance est considérable.

    Dans ce cas , la ville de Tarascon , replacée dans la situation que la nature lui a
faite , pourrait se défendre efficacement et d'une manière complète par la muraille
» L M , réduite à des proportions de solidité et de d'exhaussement très exigus.

» Ainsi : 1° Réparation des parties faibles de la chaussée de la Montagnette à la
» charge de tous les territoires inférieurs, avec le concours de l'Etat ;

» 2° Rétablissement du passage des eaux à travers la plaine de Tarascon, au
» moyen d'un viaduc ou d'un abaissement du niveau du chemin de fer, à la charge
» de la compagnie et de l'Etat ;

» 3° Construction d'une muraille pour la défense spéciale de Tarascon, à la charge
» de la ville avec le concours de l'État.

» Tels sont, en résumé, les moyens qui nous semblent les plus propres à donner
» satisfaction à tous les intérêts. De cette manière, les propriétaires inférieurs,
» qui se plaignent de l'augmentation toujours croissante de leurs charges locales,
» ne seront pas tenus de subir un impôt onéreux pour une consolidation peut-être
» illusoire et certainement excessive, eu égard à leurs intérêts simplement terri-
» toriaux. La compagnie du chemin de fer ne sera plus exposée à voir sa chaussée
» emportée et sa circulation interrompue. L'Etat aura à dépenser une somme moin-
» dre pour un résultat plus grand, et la vie de 12,000 habitants sera, conformé-
» ment au vœu de l'Empereur, protégée pour toujours. »

Après avoir entendu M. l'Ingénieur Rondel, la Commission est d'avis de repousser
la proposition de la construction d'une digue nouvelle, à travers les Ségonnaux,
pour relier le château de Tarascon à la Roque d'Acier ou à tel autre point des
chaussées de St-Pierre-de-Mézoargues ou de Boulbon, en abandonnant la
chaussée de la Montagnette. Elle fonde son avis sur les motifs suivants :

Que la dépense serait grandement augmentée, doublée peut-être, pour donner
moins de sécurité à la ville de Tarascon et aux intérêts protégés, puisque la
chaussée nouvelle aurait un développement deux fois et demie plus considérable
que celui de la digue actuelle, et que les chances de rupture et de ruine d'un ouvrage
défensif sont toujours plus ou moins proportionnelles à la longueur de cet ouvrage ;
puisque, la nouvelle digue insubmersible à établir sur les bords du fleuve, empiéte-
rait sur son lit majeur, tel qu'il est constitué par la chaussée de la Montagnette ; que
durant les grandes crues, un emmagasinement de plusieurs millions de mètres cubes
d'eau se trouverait supprimé ; ce qui augmenterait le débit et relèverait la crue,

d'abord le long des quais de Tarascon, et, ensuite, pour les territoires inférieurs. Qu'ainsi serait consacrée une première déviation au principe posé par la Commission d'ingénieurs centralisée à Lyon, après l'inondation de 1856, pour étudier les causes de ces effroyables catastrophes et les moyens d'en prévenir le retour; que ce principe salutaire doit être surtout soutenu par les riverains inférieurs, victimes désignées de tout resserrement insubmersible du lit des fleuves, et qui, pour le Rhône notamment, succombent aux charges cumulées d'une défense rendue toujours inefficace par les travaux offensifs supérieurs.

Quant à la seconde digue à établir en aval de celle de la Montagnette, pour servir spécialement à la défense de la ville de Tarascon, reliant le château de Tarascon au remblais du chemin de fer; la Commission estime, que l'utilité de cet ouvrage ne pouvant se réaliser qu'au cas de succombance de la digue de la Montagnette, alors que les remblais de chemin de fer, formés en partie d'enrochements, jetés hors de toute prévision des inondations, seraient nécessairement emportés; il serait facile, peu dispendieux, avantageux pour la compagnie du chemin de fer et d'un résultat certain pour le salut de la ville de Tarascon, de remanier les pentes du chemin de fer sur la distance qui sépare le pont sur la route impériale de la Montagnette; cette distance est de deux kilomètres. En établissant une pente inverse de trois millimètres par mètre sur chacun de ces kilomètres, la dépression de la chaussée du chemin de fer serait de trois mètres au sommet de l'angle formé par la rencontre des deux lignes; il y aurait là comme un immense cassis, par dessus lequel déverseraient les eaux débordées. Un pareil débouché ne permettrait pas à ces eaux de s'élever dans l'enceinte de la ville de Tarascon beaucoup plus haut qu'elles ne s'y élevaient avant l'établissement du chemin de fer; et cette importante voie de communication n'éprouverait pas, à beaucoup près, les dommages qu'elle subira toujours, lorsque les remblais élevés sur lesquels elle est établie, seront renversés. La dépense nécessitée par ces dispositions n'excèderait pas cinquante mille francs.

En examinant avec soin les moyens de consolidation à employer pour rendre la chaussée de la Montagnette aussi indestructible que possible, la Commission avait d'abord pensé, qu'un mur en maçonnerie hydraulique et béton, fondé à un mètre et cinquante au-dessous du terrain naturel, sur un mètre soixante-dix d'épaisseur moyenne, placé sur le derrière de la chaussée, laquelle serait ainsi couronnée par une large plate-forme à voie charretière, donnerait une garantie complète. Durant les grandes crues, ce mur restant à nu à raison de sa position en arrière de la chaussée, les moindres infiltrations seraient apparentes et la large plate-forme permettrait toujours de les étancher en tout état des eaux.

M. l'ingénieur Rondel a fait observer que, ce projet serait plus dispendieux que celui proposé par les ingénieurs ; que le mur calculé pour résister à la pression des terres ne serait pas suffisant pour supporter le poids de l'eau que les infiltrations à travers la chaussée pourraient amener contre sa surface verticale ; que le surplus d'épaisseur à donner à ce mur correspondrait à une augmentation de dépense de cent cinquante mille francs environ.

Ces motifs d'économie joints à la considération, que les dispositions prises dans le projet présenté par les ingénieurs doivent renforcer notablement l'état de la chaussée, ont déterminé la Commission à donner son approbation au projet.

Ce ne serait toute fois qu'avec un profond regret, que la Commission verrait défi-nitivement repousser le premier projet de la seconde section de la digue de la Monta-gnette, étudié en vue de la conservation des arbres magnifiques et séculaires qui ombragent une promenade publique de 1250 mètres de longueur. Les petites villes de province sont si pauvrement dotées en lieux d'agrément, que, la plus impérieuse nécessité peut seule expliquer la destruction de ceux qui y existent.

L'application du profil de la première section à la seconde , ordonnée par le Conseil général des ponts et chaussées, occasionne une augmentation de dépense de 50,000 francs. Si cette somme était employée à donner plus d'épaisseur au massif central en béton, les risques que peuvent présenter les arbres ne seraient-ils pas évités d'une manière plus complète encore que par leur arrachage ? Car ces risques consistent principalement dans les racines qui ne pourrissent et ne se décomposent guère qu'après la mort de l'arbre. L'arrachage à fond des racines des arbres de la promenade de Tarascon , ne pourrait s'effectuer que par un remaniement complet de la chaussée.

Déclarations relatives
à l'exhaussement
du chemin
de Vallabrègues. Le Conseil municipal de Tarascon et plusieurs propriétaires de cette ville demandent que le chemin de Vallabrègues , longeant le Rhône sur les Ségonaux , soit exhaussé jusqu'au niveau des terres qu'il traverse. Il deviendrait ainsi une défense contre les

crues moyennes , pour les terrains fermés en arrière par la digue insumersible de la Montagnette , et concourait à la conservation de cette digue en empêchant les eaux d'en baigner aussi longtemps le pied. La dépense est évaluée à 13,000 francs.

La minorité de la Commission , tout en reconnaissant l'utilité que pourrait avoir les travaux demandés, les considère comme ayant un intérêt purement local ; comme étant en dehors du système général de défense mis à l'enquête et ne pouvant entrer, quant à la dépense , dans la répartition proposée. La majorité de la Commission émet un avis contraire, et vote pour que le rehaussement du chemin de Vallabrègues soit compris dans l'ensemble des travaux projetés. Sur ce chef , M. Cartier , membre de la Commission, a demandé l'insertion des observations suivantes : Avis de la Commission.

« La déviation que la ligne défensive a éprouvé dans sa dernière reconstruc- » tion, entre le point du jardin Grivet et la Montagnette, a laissé en dehors de sa » protection des terrains qui sont bien inférieurs par leur niveau , à ceux » qui les avoisinent , et qui se trouvaient depuis longtemps dans les dépendances » du fleuve. Observations de M. Cartier.

» Ces terrains forment maintenant un vaste bassin , que visitent fréquemment les » crues du Rhône ; la chaussée qui les longe et qui concentre sur eux l'élévation » des eaux, indique qu'ils peuvent être submergés à la hauteur de six mètres. Les » fermes que ce bassin renferme ne peuvent plus garder leurs habitants , ni rece- » voir aucun approvisionnement agricole.

» C'est cependant la situation que lui a faite l'association des chaussées , et à » laquelle il convient de rémédier.

» Le moyen dont on peut attendre le plus d'avantage , consiste à rehausser le » chemin vicinal de Tarascon à Vallabrègues , et à donner à ce chemin occupant » l'arête la plus élevée sur le bord de ces terrains , un niveau relatif qui empêche » l'introduction des crues ordinaires.

» La dépense des terrassements , qui varieraient d'un mètre à cinquante centi- » mètres de hauteur sur un parcours de moins de trois kilomètres, ne représenterait » qu'une somme peu importante.

» Le principe en vertu duquel cette dépense doit être faite, mérite quelque exa-
» men.

» Les terrains dont il est question sont depuis l'origine inscrits dans le cadastre
» de l'association des chaussées de Tarascon ; ils ont concouru ainsi par leur con-
» tingent , aux travaux dont le résultat leur a été le plus opposé. De leur partici-
» pation aux charges , dérive nécessairement l'engagement de faire pour eux tout
» ce qu'exige leur position ; en conséquence , l'association des chaussées est tenue
» d'ajouter à ses ouvrages les développements et accessoires que leur intérêt ré-
» clame.

» D'autre part, le préjudice qui affecte ce bassin découle d'un fait imputable à
» l'association de Tarascon ; dès-lors sa responsabilité n'est pas douteuse, et la
» conduit à exécuter à ses frais le rehaussement du chemin de ceinture qui doit
» le rendre inaccessible aux incursions continuelles du fleuve.

» Aussi bien, cette association a fourni déjà de nombreux précédents , qui l'ont
» engagée dans cette voie.

» Elle a fait, concurremment avec le gouvernement et dans une circonstance pa-
» reille à celle dans laquelle nous nous trouvons , des travaux correspondants aux
» besoins des intéressés du bassin indiqué.

» Ces travaux sont : des martellières s'appuyant à une digue transversale , des
» fossés creusés le long des caisses d'emprunt , une tranchée perretée qui porte
» directement au Rhône les eaux d'écoulement.

» C'est en vertu des mêmes principes et de l'application qu'ils ont reçu, qu'on
» vient demander la défense des terrains abandonnés à un état de dépréciation com-
» plète.

» On objecte que la dépense du rehaussement demandé rejaillirait sur d'autres
» associations libres de tout engagement antérieur.

» La dépense est minime. L'association de Tarascon est liée à celle du Trébon

» d'Arles dans le rapport du nombre total de ses dépendances ; et, de plus, la va-
» leur des terrains à protéger entrant dans la proportion des contingents à établir,
» les autres Associations ne pourraient souffrir d'un accroissement de dépense.

» En conséquence, il y a lieu à faire prononcer le rehaussement du chemin de
» Vallabrègues , et de le mettre à la charge de l'entreprise générale des travaux.

Consolidation du chemin de fer , en aval de Tarascon.

La crue du 31 mai 1856 s'est élevée jusqu'à la hauteur du balast du chemin de fer à peu de distance en aval de Tarascon ; ce n'est qu'aux abords du chemin des Prêcheurs que la dégradation successive du niveau maximun de la crue , a laissé à la digue de la voie ferrée , une revanche suffisante. Il importe , tant dans l'intérêt du chemin de fer, que dans celui du territoire, que cette sorte de lacune soit remplie.

Consolidation
u chemin de fer, en
aval de Tarascon.

Dans ce but, MM. les ingénieurs proposent d'appliquer sur le talus de la chaussée du chemin de fer, du côté du Rhône, un placage en terre revêtu de perrés maçonnés, ré-glé à un de base sur un de hauteur, et dont la largeur, d'un mètre en couronne, for-merait une banquette qui s'élèverait de 1 mètre 50, en amont, et de 1 mètre 20, en aval , pour donner sur le niveau de la crue de 1856 , la revanche convenable. La dépense s'élèverait à 310,000 francs. y compris une somme à valoir de 54,295 francs.

Ce projet parait à la Commission devoir être le complément logique du système de défense proposé en amont de Tarascon ; l'aval devant toujours se protéger en raison des travaux faits supérieurement pour contenir les eaux et les rejeter sur le cours inférieur. Seulement , comme il ne s'agit plus ici de défendre un centre de population ; comme l'émouvante situation de la ville de Tarascon , ne pèse pas sur la détermination à prendre ; la Commission avait à se demander, si une re-vanche au minimum de vingt-trois centimètres, sur la crue de 1856, n'était pas suf-fisante, et si, le luxe de précaution appliqué en amont de Tarascon était justifié en aval? La réponse serait douteuse au point de vue des intérêts territoriaux ; elle ne saurait l'être vis-à-vis des intérêts nationaux du premier ordre que représente la grande artère de circulation de Lyon à la Méditerranée par la voie ferrée. La Commission a donc

Avis de la commission

3

donné un avis favorable à l'exécution des travaux de consolidation du chemin de fer en aval de Tarascon.

Lacune dans le système de défense de la Montagnette à Arles, aux abords de cette ville entre la station du chemin de fer et la porte de la ville.

Une lacune existerait dans le système général de défense de la Montagnette à Arles, si, entre la station du chemin de fer d'Arles et cette ville, il n'était fait, sur une forte petite longueur, des travaux de rehaussement et de consolidation aux moyens de protection existants. On eut grand peine à contenir sur ce point la crue de 1856. Il doit suffire de signaler à MM. les ingénieurs cette lacune, pour qu'elle soit comblée.

Surveillance dans l'exécution des Travaux.

Le système de travaux ainsi complété, paraît à la Commission devoir présenter toutes les garanties de solidité désirables, si l'exécution est aussi parfaite, aussi irréprochable que le demandent des ouvrages destinés à contenir les eaux douées d'une force de pression considérable. Le sentiment public et général des populations est que, la digue de la Montagnette notamment, qui n'a pas été surmontée par la crue de 1856, aurait résisté à cette crue, si, en 1840, en 1843, les réparations faites n'avaient point failli par l'exécution. Le tiers intérêt des entrepreneurs de travaux publics, est un agent qui tend constamment à tromper, à démoraliser la surveillance ; parfaitement irréprochable dans les rangs supérieurs et intermédiaires de l'administration, cette surveillance ne saurait y être assez active ; elle est déléguée de degré en degré, et se trouve ainsi souvent confiée en des mains où elle se vicie. Tout intérêt contraire à la bonne, à la parfaite exécution de travaux d'où dépendent la fortune et la vie de nombreuses populations liées à des intérêts publics du premier ordre, doit être soigneusement exclu des conditions de l'entreprise. Les remblais périssent le plus souvent par défaut d'un bon

Avis de la commission

pillonage, les ouvrages en maçonneries faillissent notamment par la mauvaise qualité ou pour un dosage frauduleux de la chaux. Il conviendrait que le pillonage des terres fut fait par des soldats du génie et la fourniture de la chaux faite par la régie. Puisque les communes et les syndicats doivent être appelés à fournir leurs contingents dans la dépense des travaux, ne conviendrait-il pas de provoquer de leur part, dans l'exécution, le concours d'une surveillance essentiellement et exclusivement intéressée à ce que cette exécution soit aussi parfaite que possible ? C'est ce qui est fait sur la rive droite du Rhône, pour le syndicat de Beaucaire à la mer, dont le contrôle sur l'exécution des travaux a été organisé par un réglement administratif á la date du 22 avril 1846. La Commission soumet avec confiance ces observations à l'autorité supérieure.

Répartition des dépenses entre l'État et les intéressés.

Par sa décision à la date du 23 novembre 1857 , M. le ministre de l'agriculture, du commerce et des travaux publics , a ordonné la mise à l'enquête du projet de répartition suivant entre l'Etat , la compagnie du chemin de fer et les communes ou syndicats intéressés :

Répartition des dépenses entre l'Etat et les intéressés.

Exhaussement du Quai de Tarascon.

L'Etat 2/3
La ville de Tarascon 1/3

Travaux de la digue de la Montagnette.

L'Etat... 1/3
La ville de Tarascon........................... 1/6
Le chemin de fer............................... 1/6
Les territoires inondables , chaque commune ou syndicat
    devant contribuer en proportion des dommages essuyés
    en 1856................................... 1/3

Exhaussement des remblais du chemin de fer à l'aval de Tarascon ,
entre les points S et X du plan.

L'Etat... 1/3
Le chemin de fer............................... 1/3
Les territoires inondables , chaque commune ou syndicat
    devant contribuer en proportion des dommages essuyés
    en 1856................................... 1/3

Dans son rapport à l'empereur , sur les travaux de défense contre les inondations , M. le Ministre de l'agriculture , du commerce et des travaux publics , expose le caractère et la portée de ce projet de répartition des dépenses. Ce rapport, après avoir posé le principe du concours à exiger des intéressés, déclare : « que » la quotité de ce concours ne saurait être fixée d'une manière absolue pour toutes » les entreprises. Qu'il conviendra de tenir compte, des intérêts engagés, de la » valeur plus ou moins grande des propriétés à défendre, enfin, de l'étendue du » périmètre submersible. Que ces questions, devront, pour chaque entreprise, » faire l'objet d'un examen particulier. Que, dans ce but, il convenait de réserver » au gouvernement le soin de déterminer en approuvant successivement chaque pro- » jet, la répartition des dépenses entre les départements, les communes et les pro- » priétaires intéressés.

» Que les intérêts engagés seront d'ailleurs appelés, par la voie des enquêtes, à » faire entendre leurs observations, tant sur le projet que sur la répartition des » dépenses ; ce n'est qu'après une instruction complète qu'un décret, délibéré » au Conseil-d'État, prescrira l'exécution des travaux. »

Sur ces données posées par la haute sagesse du gouvernement, la Commission avait à se demander, qu'elle est la situation des intérêts engagés dans les questions de l'endiguement du Rhône, sur la rive gauche de ce fleuve, de la Montagnette à la mer.

Situation de la pro- priété riveraine du Rhône inférieur

A la Montagnette cesse tout encaissement naturel et continu de la vallée du Rhône ; une plaine immense s'ouvre, cette plaine resserrée en goulots plus ou moins étroits sur divers points par les derniers contreforts de la chaîne des Alpines et du plateau de la Crau, n'en offre pas moins une surface continue de 35,000 hectares environ. Cette surface est dominée de plusieurs mètres par le niveau du Rhône dans ses grandes crues. Le sol composé de dépôts alluvionnaires y serait d'une grande richesse naturelle, si les moyens d'écoulement des eaux zénithales n'y fesaient pas défaut ; quand les eaux du Rhône débordées s'y introduisent, elles ne peuvent plus, comme ailleurs, rentrer dans le lit du fleuve par le seul fait de la dépression de la crue ; après avoir dévasté les canaux d'un système de dessè- chement vaste mais incomplet, elles croupissent des mois, des années entières. L'é- quilibre normal n'est rétabli que par l'énergique évaporation de la période estiva- le. Sur cette plaine, les parties hautes seules sont cultivées, les parties basses sont restées à l'état de maigres pâturages, de marais et d'étangs.

La question de la convenance et de l'utilité d'un endiguement insubmersible, sou-
levée pour les petites plaines du Rhône supérieur, et à bon droit, résolue dans le sens
de la négative, ne saurait donc être un instant douteuse pour les dernières
plaines en aval, celles de Tarascon et de Beaucaire à la mer, dont le niveau est
inférieur à l'étiage du Rhône pour le quart de leur surface, inférieur pour trente
mille hectares, à l'étiage même de la mer. L'insubmersibilité des digues du Rhône
y est une nécessité pour le maintien de la navigation. Elle y est pour la culture,
une condition d'existence, et le principe obligé de tous progrès d'avenir. Aussi,
l'histoire de ces contrées malheureuses est-elle le récit d'une lutte incessante contre
le fleuve, de rehaussements et de consolidations de chaussées sans cesse entre-
pris avec espérance, payés à grands frais; mais, qu'avec désespoir, les populations voyaient à court terme renversés par de nouvelles catastrophes. Jamais
les grandes crues du Rhône ne se sont produites à des intervalles aussi rapprochés que dans ces derniers temps. En 1840, en 1841, en 1843, en 1846,
en 1856, les digues du Rhône inférieur ont été rompues et les plaines qu'elles
protègent ravagées; tous leurs systèmes intérieurs de dessèchement et d'irri-
gation bouleversés; et cependant, ces digues avaient été rehaussées et consolidées
plusieurs fois de manière à les faire considérer comme indestructibles, selon
les données des circonstances locales. Mais, sur le Rhône supérieur, sur tous ses
affluens, sur les quatorze départements qui forment le bassin du fleuve, il s'était
fait aussi des endiguements, des dessèchements d'étangs et de marais; les progrès agricoles y avaient principalement consisté, à surcharger tous les cours
d'eaux grands et petits de volumes d'eau toujours plus considérables dans un
temps donné, durant les périodes de pluies. Les progrès en amont, multipliaient
les ruines en aval.

Elle est la victime du système suivi pour les endiguements et des améliorations culturales en amont

C'est ce qu'a parfaitement démontré, M. Kleitz, ingénieur en chef de la navigation du Rhône, dans son rapport aux conseils-généraux des départements riverains
du Rhône pour leur session de 1857. On remarque, en effet, dans ce rapport,
le passage suivant; que nous transcrivons, parce qu'on est toujours bien venu à
défendre une juste cause avec l'autorité de la science.

Opinion de M. Kleitz.

« Tout endiguement produit deux effets distincts sur une crue pour en augmen-
» ter la hauteur : 1° par le resserrement de la section d'écoulement, il élève
» dans son emplacement le niveau de l'eau pour un même débit, ce remoux se

» propageant jusqu'à une certaine distance en amont ; 2° par la diminution de
» volume qu'une crue occupe dans sa période croissante , il augmente le débit
» dans la région d'aval. C'est ce second effet qui est le plus grand inconvénient
» des endiguements et qui appelle particulièrement l'attention de l'administration.

» La quantité d'eau qui, durant le mouvement ascendant d'une crue , envahit
» une certaine région d'un bassin , dans un intervalle de temps donné , se
» décompose en deux : L'une qui s'y emmagasine et y augmente le volume
» occupé par les eaux ; l'autre qui en sort et se verse dans la région immédia-
» tement en aval. Il résulte de là, bien évidemment, que si on diminue le volume
» emmagasiné d'une certaine quantité d'eau dans un certain intervalle de temps,
» on augmente , pendant le même temps , et de la même quantité d'eau , celle
» qui sera versée sur la région d'aval.

» C'est l'examen de la manière dont les emmagasinements se combinent avec
» les débits , qui est la clef des études sur les inondations , et quelque com-
» pliquée que soit la solution mathématique de cette question , le principe sur
» lequel elle repose se traduit par cet axiome : que , nul ne peut se débar-
» rasser d'une quantité d'eau qui, en un temps donné envahit sa propriété , sans
» la jeter , durant le même temps , sur un autre emplacement , et à peu près
» en totalité , sur la partie de la vallée située en aval.

» On trouve , par exemple, que si le Rhône était endigué entre Lyon et
» Beaucaire , de manière à réduire la surface du champ d'inondation au tiers,
» (et on était en voie de le réduire beaucoup plus par les digues déjà construi-
» tes,) le niveau d'une inondation pareille à la dernière se serait surélevé d'envi-
» ron trois mètres à Beaucaire.

» L'endiguement dans une région d'un cours d'eau , entraine donc l'aggrava-
» tion de la situation des régions inférieures ; et comme il est de principe, en
» vertu de l'article 640 du code Napoléon, que le propriétaire supérieur ne
» peut rien faire qui aggrave la servitude du fond inférieur , on sera vraisem-
» blablement conduit à restreindre, plus qu'on ne l'a fait jusqu'ici, la faculté que
» les propriétaires ont de faire des travaux d'endiguement. »

Ainsi , une servitude extra légale d'une immense et désastreuse gravité , pèse sur les riverains du Rhône inférieur. Cette servitude a été augmentée d'une manière patente , avec le concours financier de l'État , par les endiguements insubmersibles du fleuve supérieur et de ses affluens ; les emmagasinements, les bassins de retenue naturels ont été sur beaucoup de points supprimés ; le système d'endiguement suivi de Lyon à Beaucaire , s'il avait été complété , aurait eu pour résultat de surélever la crue du 31 mai 1856 , devant cette ville , de beaucoup plus de trois mètres ; c'est-à-dire , nécessité un rehaussement pareil des digues qui protègent les plaines inférieures , qui par leur position ne sauraient nuire à personne puisqu'elles aboutissent à la mer ; et comme, ces digues en terrassements. ne pourraient soutenir l'immense pression ajoutée à leurs flancs , sans être défendues et soutenues par un rempart en maçonnerie, d'une dépense hors des proportions avec les valeurs des terrains, dont les produits sont loin de correspondre à leurs surfaces ; l'endiguement du Rhône supérieur, selon le système suivi, conduirait en définitive à l'abandon de toute culture sur les deux cents mille hectares qui , de Beaucaire et de Tarascon à la mer, forment le delta du Rhône. La Commission d'ingénieurs réunie à Lyon, par ordre de l'Empereur, pour étudier les moyens préventifs des inondations, a rendu à la chose publique un service immense, en signalant cet effroyable danger et en conseillant à l'administration d'en supprimer la cause principale.

Mais, la servitude extra-légale dont les riverains du Rhône inférieur sont les victimes continuera d'une manière latente par tous les travaux d'améliorations culturales qui, s'exécutant sur la surface des quatorze départements qui forment le bassin du Rhône , ont pour but d'assécher les terres , de modifier le régime des eaux dans ses ramifications infinies.

Entre voisins immédiats , le principe de l'article 640 du code Napoléon reçoit son application ; les intérêts lésés l'invoquent, ils en reçoivent la salutaire protection ; mais, si tôt qu'un propriétaire isolé ou un groupe de propriétaires rencontrent un cours d'eau quelconque sur lequel ils peuvent décharger leurs eaux , ils le font sans scrupule; ils croient, en toute sincérité, qu'ils n'aggravent ainsi artificiellement aucune servitude; et cependant, toutes ces petites causes, multipliées à l'infini sur une surface égale au cinquième de celle de la France, ont pour effet de porter au loin le désastre de l'inondation. Les riverains inférieurs des fleuves sur lesquels toutes ces eaux aboutissent dans un moindre temps donné, se trouvent les victimes des améliorations culturales, comme ils la sont des moyens de défense d'autrui.

Nul ne saurait avoir la pensée que ces améliorations, individuelles dans leur principe, mais générales par l'universalité de leur application, puissent être interdites, comme doivent l'être les endiguements insubmersibles, limitant le lit majeur du fleuve et des rivières, pour obtenir une protection le plus souvent illusoire. Ces améliorations sont une condition essentielle des progrès agricoles qui doit être respectée même par ceux qui ont le plus à en souffrir ; mais, lorsqu'il s'agit du concours financier de l'État aux dépenses de travaux de défense des centres de population ou des territoires ; il est de justice nationale de tenir compte de ces circonstances dans la fixation de la quotité de ce concours. La coopération de l'État et son assistance, doivent être plus grandes et plus actives, là où les souffrances et la nécessité des travaux ont pour cause principale la satisfaction donnée à des intérêts généraux de navigation, de circulation et de cultures ; et, toute chose égale d'ailleurs, l'État doit faire beaucoup plus en aval qu'en amont.

Ces considérations prennent plus de force encore, lorsque l'on examine à fond la situation misérable des communes, des associations syndicales du Rhône inférieur. Elles ont été frappées cinq fois en seize ans par le fléau des inondations en quelque sorte concentré contre elles. Ce fléau n'est point chez elle passager comme partout ailleurs. Les digues réparées, alors même que le gouvernement a eu la générosité de prendre ces réparations à sa charge, il reste à rétablir dans ces vastes plaines sans écoulement naturel, le réseau des canaux qui seul a pu y maintenir la culture et la vie. Le long séjour des eaux y a étouffé jusqu'aux pâturages. Le Rhône a repris la conquête que l'industrie humaine avait faite sur lui; il faut la lui disputer de nouveau. La nécessité d'entretien de lignes de défense d'un développement immense, hors de toute proportion avec les valeurs défendues, est toujours là, pressante, impérieuse. Ce qu'une pareille situation crée de dettes, ce qu'elle impose de charges est bien connu de l'administration, puisque les budgets des associations syndicales sont arrêtés par les préfets. Leur sollicitude pour leurs administrés s'étonne souvent de cotisations qui doublent, qui triplent les impositions publiques. Personne mieux qu'eux ne pourra dire, si ces cotisations peuvent être beaucoup augmentées.

Par toutes ces considérations d'équité, la Commission conclut à l'unanimité, à exprimer l'avis, que l'État prenne à sa charge les deux tiers de la dépense des travaux dont les projets ont été mis à l'enquête ; l'autre tiers devant être réparti entre la compagnie du chemin de fer , le département , les communes ou les autres intéressés.

La Commisssion , ayant siégé de neuf heures du matin à midi et de une heure à cinq heures du soir , s'ajourne au samedi , 3 avril , pour la suite à donner à ses travaux.

Le samedi , trois avril, à neuf heures du matin , la Commission s'est réunie de nouveau à l'Hôtel-de-Ville d'Arles , au lieu assigné pour ses séances ; étaient présents tous les membres de la Commission. *Séance du 3 avril.*

M. le Président de la Commission ayant reçu de M. le directeur de l'exploitation du chemin de fer de Paris à Lyon et à la Méditerranée, les observations annoncées avant la clôture de l'enquête , et l'ordre des travaux de la Commission amenant la discussion du concours du chemin de fer à la dépense des travaux , lecture est donnée du mémoire présenté par cette compagnie.

Concours de la Compagnie du Chemin de Fer de Lyon à la Méditerranée dans les dépenses.

La compagnie du chemin de fer proteste , en principe , contre toute imputation à sa charge d'une partie quelconque de la dépense des travaux projetés. Ses motifs de refus reposent sur ce que : 1° Et , quant à la digue de la Montagnette, le chemin de fer n'a aucune protection à attendre de cette digue; que, bien loin de là, les dangers du chemin de fer résultent de la perturbation que la digue de la Montagnette apporte dans le cours du Rhône , en amont de Tarascon ; 2° quant à l'exhaussement des remblais du chemin de fer en aval de Tarascon et au revêtement de son talus extérieur par un perré maçonné , la compagnie déclare encore que le chemin de fer est désintéressé dans la question. *Concours de la compagnie du chemin de fer.*

Déclarations de la Compagnie.

Que , du reste , rien ne garantit l'efficacité des nouveaux travaux ; que la digue

4

de la Montagnette ne devant probablement pas résister mieux que par le passé aux efforts de son terrible adversaire, et une surface de 40,000 mètres carrés de perrés, à établir en aval, devant infailliblement offrir toujours des points vulnérables aux infiltrations, tout le nouveau système péchera par sa base et que, par suite, la compagnie n'a pas plus d'intérêt à l'exécution des travaux projetés qu'au maintien du *statu quo*.

A l'appui de ses appréciations sur le mérite des travaux, la compagnie cite plusieurs passages du rapport présenté par M. Kleitz, ingénieur en chef de la navigation du Rhône, au conseil général du département pour sa session de 1857.

Subsidiairement, la Compagnie soutient, qu'en admettant qu'elle ait quelque avantage à retirer des travaux projetés, la répartition proposée par la décision ministérielle du 23 novembre 1857 est contraire aux termes et à l'esprit de la loi du 16 septembre 1807, qui a soumis à des formes régulières et légales la détermination de l'intérêt que chacun peut avoir à des travaux de protection, et a voulu éviter ainsi l'arbitraire et limiter le champ des appréciations.

Se livrant, ensuite, selon son point de vue, à l'évaluation de l'intérêt que le chemin de fer, les communes ou les riverains peuvent avoir aux travaux, la Compagnie estime que cet intérêt doit être proportionnel aux pertes respectives essuyées en 1856. Elle trouve l'un des termes du rapport, celui de la perte des communes, officiellement indiqué, page 37, du recueil des délibérations et des vœux du conseil général des Bouches-du-Rhône, où M. le préfet porte cette perte totale à 14,007,484. Quant à l'autre terme, celui des pertes de la Compagnie, celle-ci l'a par devers elle; elle estime ses pertes à moins de 400,000 fr., pour l'établissement des voies provisoires, la reconstruction des voies principales et des ouvrages d'arts, etc., etc. L'interruption du service du chemin de fer n'aurait causé aucun préjudice à la compagnie; elle se serait bornée à une accumulation de marchandises dans les gares, à un retard de quelques jours dans la marche des voyageurs, tout cela, largement compensé à la reprise du service par un mouvement d'autant plus actif.

De ces données, la compagnie conclut, à ce que, si elle pouvait être appelée à contribution dans les dépenses, la mesure de cette contribution comparée à celle des communes ou syndicats, devrait être dans la proportion de 1 à 33, déduction faite du concours de l'État. C'est-à-dire que, suivant l'ordre des travaux projetés et l'évaluation de leurs dépenses, le chemin de fer ne contribuerait en rien aux quais de Tarascon, ainsi que le propose, du reste, la décision ministérielle du 23 novembre 1837 ; qu'il payerait 13,148 francs 14 centimes sur les travaux de la Montagnette évalués à 710,000 fr. ; et, 5,722 francs 22 centimes sur les 310,000 francs du rehaussement du chemin de fer et des perrés sur ses talus, entre les points S et X en aval de Tarascon. Au total, 18,870 francs 36 centimes, sur une dépense de un million quatre-vingts mille francs.

Ces observations de la compagnie du chemin de fer de Lyon à la Méditerranée ont été, dans le sein de la Commission, l'objet des réponses suivantes :

Le langage de la compagnie sur le mérite des digues insubmersibles et sur leur efficacité est tout-à-fait nouveau pour elle. Lorsqu'avant sa concession un tracé avait été présenté en concurrence du sien par une autre compagnie, on lui objectait dans l'intérêt de ce tracé, les inconvénients d'établir la principale artère de la circulation intérieure de la France sur les bords du Rhône ; les dangers des inondations, l'inconsistance, l'illusoire protection des digues insubmersibles, furent les principaux arguments qu'on lui opposait. Elle répondit alors que, ces dangers et ces craintes étaient chimériques, Qu'avec le dixième de la dépense que le tracé rival emploierait en tunnels, il lui serait facile de contenir les crues du Rhône de Tarascon à Arles ; que, sur les Ségonnaux élevés, placés entre ces deux villes, il lui suffirait de porter les remblais de la voie ferrée à un mètre cinquante en dessus des plus hautes eaux connues, ainsi que l'obligation en résulterait pour elle de l'adoption de ses projets. La compagnie était, alors, si loin de penser que les infiltrations feraient périr ses remblais par la base, que presque nulle part elle ne les a revêtus de perrés réellement imperméables, et que, presque partout, elle s'est abstenue de les revêtir de perrés. Et, cependant, ces remblais ont partout résisté, partout ils ont dominé la crue et n'ont reçu d'elle que des corrosions sans importance ; partout, excepté sur le travers de la digue de la Montagnette. D'où vient cette exception ?

Elle ne vient pas de la prétendue perturbation que la digue de la Montagnette apporte dans le cours du Rhône, en amont de Tarascon, ainsi que l'affirme la compagnie ; car cette digue, toute intérieure, laisse au lit du fleuve une largeur beaucoup plus considérable que celle qu'il a en amont et en aval, et un bassin de douze à quinze cents hectares de terrains cultivés, mais submersibles, se trouve entre le fleuve et la digue de la Montagnette. Elle ne vient pas, cette exception, de ces phénomènes qui se sont produits dans la marche furieuse des eaux et qui, dit le mémoire, n'ont pas pu être observés parce qu'ils ont eu lieu la nuit, alors que la digue de la Montagnette a succombé, le 31 mai 1856 à cinq heures du soir ! Ces phénomènes sont inscrits en caractères ineffaçables sur le sol ; comme toujours, sur l'axe de la digue renversée, un peu en avant, un peu en arrière de sa base, au droit de chaque brèche, il s'est formé des ravinements et quelques gours plus ou moins profonds. Mais ces effets de la chute des eaux et de leur vitesse acquise par le resserrement, se sont tenus à de grandes distances de la voie ferrée, dont l'éloignement minimum est de 1,500 mètres ; les eaux débordées étant retenues par la levée du chemin de fer, le second bassin, de quatre cent cinquante hectares, fermé par cette levée, s'est rempli. Et, si le chemin de fer a cédé, c'est uniquement, parce que dans sa construction les ingénieurs de la compagnie, comptant sur l'efficace protection de la digue de la Montagnette, avaient complètement négligé toutes les conditions de solidité et de résistance d'une chaussée destinée à supporter une pression d'eau considérable. La chaussée du chemin de fer n'est, en effet, composée en certains endroits, que d'enrochements extraits de la Montagnette, enrochements jetés pêle-mêle, revêtus d'un peu de terre. Les vides laissés dans une pareille construction devaient nécessairement entraîner sa ruine, si tôt qu'une hauteur d'eau tant soit peu considérable s'élèverait sur ses talus. Les ingénieurs de la compagnie avaient tellement compté sur la protection de la chaussée de la Montagnette qu'à partir du pont sur la route impériale immédiatement en amont de la station de Tarascon, ils avaient commencé d'abandonner la cote de hauteur normale et réglementaire imposée par les projets (1 m. 50 c. au-dessus des plus hautes eaux connues,) et, avant d'arriver à la Montagnette, la couronne de la chaussée du chemin de fer était de quatre-vingts à quatre-vingt-dix centimètres au-dessous du niveau général de la crue du 31 mai 1856; de telle sorte que, si cette chaussée n'avait péri par les vices de construction de sa base, elle aurait été détruite par subversement.

Quant à l'exhaussement des remblais du chemin de fer entre les points S
et X, en aval de Tarascon et au revêtement de leur talus intérieur par un
perré-maçonné, la compagnie se déclare encore désintéressée à ces travaux.
Et, cependant, elle ne nie pas ce fait constaté par les ingénieurs du service
du Rhône, qu'entre les points S et X, la crue du 31 mai 1856, était arrivée
à la hauteur du ballast, à 25 centimètres seulement au-dessous du niveau des
rails. N'est-il pas évident que la chaussée de la voie ferrée atteinte à cette
hauteur, pouvait être détrempée par les eaux et s'effondrer toute entière sous
le passage d'un convoi. La sûreté publique était donc gravement compromise,
parce que la compagnie n'avait pas rempli sur ce point ses obligations; parce
que, soit par une erreur de nivellement dans la construction du chemin de
fer; soit parce que l'on n'avait pas tenu compte de la dénivellation des eaux
qui s'y produit dans le cours du Rhône; le type obligatoire de hauteur de
1 m. 50 c. au-dessus des plus hautes eaux n'y avait pas été appliqué. La
compagnie se refuse donc à contribuer, ou offre un concours ridicule, pour des
travaux, que les conditions générales de sa concession, que l'une des données principales de ses projets devraient faire imputer exclusivement à sa
charge.

Le mémoire présenté par la compagnie cite, à l'appui de sa discussion,
plusieurs paragraphes du rapport de M. Kleitz, ingénieur en chef de la vallée du Rhône, aux conseils généraux des départements. Ces paragraphes ont
trait aux inconvénients et aux dangers des endiguements insubmersibles, qui
n'offrent souvent qu'une sécurité trompeuse; qui, protégeant inefficacement
l'amont, sont offensifs pour l'aval, et qu'à ce point de vue l'on devrait sys-
tématiquement interdire. Mais M. Kleitz, dans les passages cités de son rapport, n'avait en vue que les endiguements insubmersibles des vallées du Rhône
supérieur, bornées à peu de distance par des accidents naturels du sol, douées
de pentes telles vers le fleuve, que son lit y sert à l'écoulement des eaux
débordées sitôt que la crue se déprime et s'affaisse. La surface totale de ces
vallées réunies égalerait à peine la moitié de l'étendue des plaines inférieures
de Beaucaire et de Tarascon à la mer. Pour celles-ci, M. Kleitz ne conteste nul-
lement l'indispensable nécessité de les défendre par des digues insubmersibles;
pour s'en convaincre, l'auteur du mémoire de la compagnie n'aurait eu qu'à
lire, au rapport de cet éminent ingénieur, le paragraphe à la suite de ceux
qu'il a cité. Cela eut été plus convenable que de chercher à mettre M. Kleitz

en contradiction avec lui-même, en se servant de son rapport pour combattre la convenance, le mérite et l'efficacité du système d'endiguement qu'il propose de consolider et de compléter.

M. Kleitz dit, en effet, page **233** du recueil des délibérations du conseil général des Bouches-du-Rhône :

« A partir de Beaucaire et Tarascon, les larges plaines qui s'étendent jus-
» qu'à la mer sont endiguées, d'une manière continue, par des digues insub-
» mersibles. Cette région, située en aval de tous les affluents, est destinée à
» subir les aggravations que les endiguements des régions supérieures appor-
» tent à l'écoulement des eaux. En compensation de cette situation défavora-
» ble, elle a l'avantage de pouvoir mettre ses plaines complètement à l'abri
» de la submersion, sans nuire à personne. Nous considérons, bien entendu,
» toute cette région, dans son ensemble, parce que tout le monde y est
» d'accord pour vouloir des digues insubmersibles. »

La compagnie a tellement toujours considéré la digue de la Montagnette comme essentielle à l'existence même du chemin de fer, qu'en 1843, alors que le chemin de fer n'était qu'en voie de construction, alors qu'il n'avait ni contribué à augmenter les dommages, ni souffert lui-même de l'inondation, la compagnie s'imposa volontairement le quart de la dépense totale de la réparation plus complète des brèches ouvertes en 1843.

Si, selon l'hypothèse que pose le mémoire de la compagnie, la digue de la Montagnette n'avait pas existé lors de l'établissement du chemin de fer, la chaussée de celui-ci, qui, 1,500 mètres en aval, barre la même vallée, dans des conditions identiques, abstraction faite de la position de destruction et de ruine totale faite à la ville de Tarascon, aurait dû être construite absolument selon les profils de hauteur et de revêtements imperméables qu'il s'agit d'appliquer aujourd'hui à la digue de la Montagnette. La compagnie aurait dû se défendre directement contre le Rhône, en exécutant le projet désigné par le tracé jaune sur le plan général, et dont la dépense est évaluée à **900,000** fr. C'est donc en regard de cette nouvelle économie réalisée dans ses frais de premier établissement, que la compagnie doit compter pour les dépenses de consolidation et d'exhaussement de la digue de la Montagnette.

Mais les remblais de la voie ferrée, établis sur le travers de la vallée, au fond de laquelle se trouve la ville de Tarascon, fermant cette vallée de toutes parts, le seul côté d'amont visant la digue de la Montagnette excepté, une ville de 12,000 ames se trouvait vouée à une destruction certaine, elle devait être balayée à la première crue renversant la digue de la Montagnette, alors que les remblais du chemin de fer auraient résisté. La barbarie de ces dispositions du projet avait vivement ému l'opinion publique, elle avait été énergiquement signalée aux enquêtes. Tarascon demandait à grands cris que cet effroyable danger fût éloigné, en faisant effectuer au chemin de fer la traversée du Rhône, en amont de la ville, au lieu de la faire en aval. Mais, pour la traversée en amont, il fallait franchir en viaduc le pré de foire de Beaucaire et passer en tunnel une colline pour se raccorder aux chemins de fer du Gard. C'était une augmentation de dépense que la compagnie se gardait bien, alors, de placer en parallèle de l'existence de Tarascon. Elle cherchait, au contraire, d'éloigner les appréhensions et les craintes, de calmer les oppositions au tracé, en offrant, en promesses, les plus grandes garanties de sécurité.

C'est ainsi, qu'en 1844, M. Paulin Talabot, ingénieur-directeur, représentant de la compagnie, alors que l'enquête sur le tracé du chemin de fer était ouverte, disait à Tarascon, devant une foule considérable, au conseil municipal assemblé :

« Ne craignez rien : Si la compagnie vous crée un danger nouveau, elle » le conjurera; sans doute, avec le chemin de fer derrière votre ville, si la » chaussée de la Montagnette était emportée, vos maisons seraient balayées; » mais, pour empêcher un pareil cataclysme, la compagnie s'engage à faire » à ses frais une seconde chaussée en arrière de la première, depuis l'abat-» toir jusqu'au chemin de fer, de manière à ce que vous ayez deux remparts » au lieu d'un. »

Cette seconde chaussée, ce rempart nouveau, furent en effet tracés sur le plan général par une ligne bleue ; mais ils ne furent présentés à l'autorité supérieure que comme un tronçon destiné à desservir le port de Tarascon, sur le Rhône ; et comme ce port est sans importance, il fut facile à la compagnie d'obtenir la suppression du tronçon. C'est ainsi que la ville de Tarascon est restée en présence du cataclysme ; et si, le 31 mai 1856, elle n'a pas été balayée, c'est que la levée du chemin de fer a été bientôt renversée. Durant le temps de lamentable mémoire, qui s'est écoulé entre la rupture de la digue de la Montagnette et celle de la chaussée du chemin de fer, les eaux débordées se sont élevées généralement à Tarascon jusqu'au premier étage, et dans certains quartiers jusqu'aux toits des maisons. Dix-sept maisons se sont écroulées, la ville n'a pas été balayée ; mais elle a éprouvé des souffrances affreuses, mais beaucoup de ses habitants ont été ruinés, mais elle n'a plus de sécurité d'avenir. C'est à cette ville malheureuse, qu'au mépris de ses solennelles promesses de tout faire pour elle, la compagnie refuse tout concours à des dépenses de salut, ou n'offre qu'un concours de 13,148 fr. 14 c. sur une dépense de 770,000 fr.! Ce n'est pas une aumône que l'on doit aux misères que l'on a créé, on leur doit une réparation !

La ville de Tarascon n'a jusqu'ici jamais concouru aux dépenses de la digue de la Montagnette ; comme pour presque toutes les villes, son contingent, aux frais de la défense générale, a toujours été représenté par la portion que l'état laissait à sa charge, dans les dépenses de construction ou d'entretien de ses quais. En substituant la compagnie du chemin de fer à la ville de Tarascon, dans la répartition relative à la digue de la Montagnette, en cumulant sur la compagnie cette exonération de la ville avec ce que le chemin de fer doit pour lui-même ; en imputant, en outre, à la compagnie la moitié de la contribution afférente à la ville dans les dépenses du projet de rehaussement et de consolidation de ses quais, cette compagnie serait encore grandement au-dessous de ses obligations et de ses promesses ; elle réaliserait sur elles une immense économie.

Cette discussion des fins principales du mémoire de la compagnie dispense d'insister sur ses conclusions subsidiaires. Dans la brève énumération de ses pertes, en 1856, la compagnie n'estime à rien l'interruption complète de son service durant trois semaines, les frais, la gêne et les retards de ce service, pendant plusieurs mois, sur des voies provisoires. Comme si cette interruption, cette gêne, ces retards, s'ils devaient se reproduire, même à de longs intervalles, ne constitueraient pas pour une entreprise de rapides transports, une position d'infériorité ruineuse, une position de défaveur, dont profiteraient à l'envie les lignes rivales, en concurrence avec elle, soit en France, soit à l'étranger? Comme si le crédit si impressionnable de ses actions ne devait pas en être influencé?

La compagnie, dissimulant ses pertes, a gravement exagéré celles qu'elle attribue aux communes ou autres intéressés; elle les porte à 14,007,484 fr., sur la foi du rapport présenté, en 1857, au conseil général par M. le préfet des Bouches-du-Rhône (page 37). Mais ce rapport totalise à ce chiffre, non pas seulement les pertes essuyées par le fait de la rupture de la chaussée de la Montagnette, mais celles éprouvées par toutes les communes du département atteintes, en tout ou en partie, dans leurs centres de population ou dans leurs territoires, quels que soient les points de rupture de leurs lignes de défense. La succombance de la digue de la montagnette n'a porté le fléau de l'inondation que sur partie des communes de Tarascon, Fontvieille, Paradou, Maussanne, Mouriès, Arles et Foz, et les pertes de ces communes, de ce côté, ne sont comprises au rapport de M. le préfet que pour moins de 8 millions.

L'un des éléments essentiels de la comparaison des pertes, que la compagnie cherche à établir, est négligé par elle. L'inondation du 31 mai 1856 s'est produite au moment où, dans nos contrées, on allait recueillir une magnifique récolte. Les inondations, qui arrivent en dehors de la saison des récoltes, sont les plus fréquentes: le mémoire de la compagnie lui-même le dit, en citant un passage du rapport de M. Kleitz. Or, supposant une récolte moyenne et le prix ordinaire des blés, les pertes des communes par l'inondation du 31 mai 1856 auraient été diminuées de moitié; supposant les inondations plus fréquentes, en dehors de la saison des récoltes, la perte des communes pour chacune de ces inondations serait réduite des cinq sixièmes, tandis que celles de la compagnie seraient toujours les mêmes, soit pour ses ouvrages renversés, soit pour son trafic interrompu.

Après cette discussion, la Commission, considérant que les travaux proposés, dont les projets ont été mis à l'enquête, celui de l'exhaussement du tablier du pont de Beaucaire seul excepté, sont essentiellement utiles et nécessaires à la conservation, à l'existence même du chemin de fer de Lyon à la Méditerranée; qu'ils tendent à maintenir sa circulation, à protéger la sécurité publique compromises sur son parcours durant les grandes crues du Rhône; qu'ils réalisent ou

Avis de la Commission.

5

complètent, dans le sens des conditions générales du projet de construction de ce
chemin de fer et des obligations de sa concession, ce que l'expérience a démontré avoir été omis ou négligé dans l'exécution.

Considérant que, par la position déplorable qu'il a faite à la ville de Tarascon,
le chemin de fer oblige les intérêts agricoles qui se rattachent à la digue de la
Montagnette, de concourir à faire, pour le salut d'une ville de 12,000 âmes, plus
qu'ils ne feraient pour eux-mêmes, plus que les intérêts agricoles ne font partout
ailleurs, et de remplacer incomplètement, par des travaux extraordinaires de consolidation de la digue de la Montagnette, la seconde chaussée, le double rempart sous
la protection duquel la ville de Tarascon devait être placée aux frais de la compagnie, selon les promesses publiques faites par son représentant au conseil municipal et à la population de Tarascon.

Considérant que, la contribution à la dépense générale des travaux, imputable
à la compagnie du chemin de fer, devant être une partie de cette dépense, le
concours de l'État déduit. Si le gouvernement, dans sa haute justice, scrutant les
positions respectives des intérêts engagés, reconnaît que les communes et les
syndicats du Rhône inférieur succombent à leurs charges; que, par les causes ci-
dessus exposées, ils sont les malheureuses victimes de la satisfaction donnée en
amont à des intérêts généraux d'endiguement, de navigation, de circulation et
de culture, de manière à avoir été conduits à une expropriation successive, latente,
mais réelle et sans indemnité; et, qu'ému de cette situation, le gouvernement
veuille l'alléger par la quotité plus forte de son concours à la dépense des travaux
projetés; la compagnie du chemin de fer, qui n'en est encore qu'à sa première inondation, dont la situation prospère n'exciterait pas la même sollicitude, la même
commisération, la même justice, se trouvera, par le fait, dégrevée par les malheurs
de ses co-intéressés. La Commission délibère à l'unanimité d'émettre l'avis que, la
compagnie du chemin de fer de Lyon à la Méditerranée contribue à la dépense
des travaux de l'exhaussement des quais de Tarascon pour une part égale à celle
laissée par l'État à la charge de cette ville; et que cette compagnie concoure aussi
aux dépenses des travaux de la digue de la Montagnette et de ceux à exécuter sur
le chemin de fer lui-même et sur ses talus dans sa section S et X, en aval de Tarascon, dans la même proportion de moitié du contingent qui sera définitivement
assigné aux communes et aux syndicats intéressés.

Répartition entre les Communes et les Syndicats intéressés de la quotité des dépenses mise à leur charge.

La décision du ministre de l'agriculture, du commerce et des travaux publics, à la date du 23 novembre 1856, proposait de répartir les dépenses des projets sur les territoires inondables, de manière à ce que chaque commune ou syndicat dût contribuer en proportion des dommages essuyés en 1856.

Répartition des dépenses entre les communes ou les syndicats intéressés.

La signification et la portée de cette décision ministérielle paraissent avoir été profondément modifiées par le rapport adressé à l'Empereur par le ministre de l'agriculture, du commerce et des travaux publics, à l'appui du projet de loi sur les travaux de défense contre les inondations. On lit en effet, dans ce rapport, que : « le périmètre des terrains ayant intérêt aux travaux sera d'ailleurs » fixé, et la répartition des taxes entre les propriétaires sera déterminée conformément à la loi du 16 septembre 1807. Ces principes, qui servent de base à » l'institution des associations syndicales organisées, dans ces dernières années, » sur un grand nombre de points du territoire de l'empire, sont d'une application » facile, et donnent à tous les intérêts la plus complète garantie de justice » et d'impartialité dans la répartition de la dépense à leur charge. »

Proposition de répartition en proportion des dommages essuyés en 1856.

L'avis unanime de la Commission est, qu'en effet, une contribution, basée sur des dommages essuyés en 1856, serait on ne peut plus fautive, erronée, disproportionnelle. Les pertes essuyées par une inondation sur le même sol, sur la même parcelle, se différencient énormément selon les saisons, selon l'infinie variété des cultures. Ces pertes sont toujours calculées sur le revenu brut, tandis que l'impôt, la cotisation, la contribution aux dépenses, ne sauraient être équitablement établis que sur le revenu net, intérêt véritable du propriétaire à la protection; cet intérêt cessant, si tôt que le revenu net et les charges publiques ou locales se compensent. Du reste, la détermination des pertes essuyées par les inondations ne peut jamais se faire qu'à la hâte, sur des déclarations sommairement révisées et contrôlées, sous la pression de la perturbation générale que cause une immense calamité publique, et la nécessité de définir au plutôt les situations les plus malheureuses pour les secourir. Si, parmi ces déclarations de pertes, il en est beaucoup d'exagérées,

Avis de la Commission.

il est aussi des pertes considérables qui ne sont suivies d'aucune déclaration ; ce sont celles subies par quelques grands propriétaires, qui savent qu'ils n'ont rien à attendre sur la distribution des fonds de secours; et que, pour les remises d'impôt, les réclamations générales des maires suffisent pour les communes, ou sections de communes notoirement atteintes par le sinistre.

C'est donc à bon droit que le ministre de l'agriculture, du commerce et des travaux publics est revenu aux principes de la loi du 16 septembre 1807; dans l'application de ces principes seulement, peuvent se trouver les garanties de justice et d'impartialité de répartition, ainsi que le ministre le dit dans son rapport à l'Empereur. Si, cependant, cette proposition première, de faire des dommages essuyés en 1856, la base de la répartition des dépenses était maintenue dans son principe, la Commission estime, qu'il faudrait étendre cette base aux dommages causés par les inondations précédentes, celle de 1840 nommément, pour ne pas faire dépendre l'assiette de la contribution de causes accidentelles, qui peuvent avoir empêché que telle ou telle partie des territoires inondables ait été atteinte par l'inondation de 1856.

Situations respectives lors de l'ouverture de l'enquête. Mais, dans le troisième arrondissement des Bouches-du-Rhône, sur la partie des territoires de cet arrondissement inondable par suite du renversement des ouvrages que les projets des travaux mis à l'enquête ont pour but d'exhausser et de consolider; il existe déjà plusieurs syndicats d'endiguement en plein exercice. Quelle est, quelle doit être la situation respective de ces syndicats divers, au point de vue des travaux à exécuter et de la répartition de leurs dépenses ? Telle a été l'une des préoccupations les plus anxieuses de l'enquête. La Commission devait examiner avec soin cette question et les déclarations qui s'y rapportent. Pour justifier la solution qu'elle propose de lui donner, quelques données historiques, quelques explications en fait sont nécessaires.

L'établissement de la ligne de chaussées qui, de la Montagnette à la mer, couvrent la plaine de la rive gauche du Rhône, remonte aux temps les plus reculés. Ces digues, faites par les communes riveraines, alors que chacune d'elles représentait un petit état presque indépendant, ont longtemps été entretenues exclusivement par ces communes, comme une dépendance de leur domaine public. Lorsque l'existence politique de ces communes s'est amoindrie, lorsque leur domaine public s'est successivement confondu dans le domaine national, et que, succombant sous le poids de leurs dettes, elles ont perdu ou aliéné leurs vastes possessions territoriales, elles ont été forcées de réduire leurs dépenses d'endiguement, et d'appeler progressivement le concours de la propriété riveraine dans des proportions diverses.

En 1790, l'entretien des digues a totalement cessé d'être porté au nombre des dépenses communales, et les villes n'ont plus participé à la défense générale que par les frais d'entretien de leurs quais, qu'elles supportaient seules avec le concours de l'État.

Le principe de contribution aux dépenses des digues généralement adopté, et, de temps immémorial suivi, était, que chacun payait pour les ouvrages établis au droit de soi.

Ce principe raisonnable et nécessaire, lorsqu'il s'agissait exclusivement des communes, et de territoires agglomérés considérés dans leur ensemble, avait cessé de l'être, lorsque la propriété riveraine fut appelée à participer aux charges; il n'y avait aucune proportionnalité entre la valeur de ces propriétés riveraines et le développement de leurs confronts sur le Rhône : Des intérêts considérables pouvaient être atteints par les inondations, loin du Rhône, au centre de la vallée. Il importait alors de substituer à ce principe, devenu vicieux, l'application progressive de celui de la contribution proportionnelle à l'intérêt.

C'est dans ce but que, par de nombreuses transactions, et notamment par celles de 1329 et de 1331 intervenues entre les communautés d'Arles et de Tarascon, des associations syndicales furent organisées.

Trois associations furent créées pour l'entretien des digues de la Montagnette à la mer, savoir : 1° l'association de Tarascon, composée des propriétaires des terrains inondables de cette commune, et qui avait charge d'entretien du tronçon de la ligne générale de défense, compris entre le Pas-de-Bousquet (sur la Montagnette) et la limite du territoire de Tarascon en aval, sur une longueur de 12,748 mètres; 2° l'association du quartier du Grand-Trébon, territoire d'Arles, pour le tronçon, compris entre la limite du territoire de Tarascon et la porte de la ville d'Arles, dite de la Cavalerie, sur une longueur de 7,652 mètres; 3° l'association ou les associations du Plan-du-Bourg, pour le tronçon, compris entre l'aval des quais de la ville d'Arles et la mer, sur une longueur de 42,190 mètres.

Ces associations, ainsi constituées, fonctionnèrent convenablement durant longues années. Mais, en 1705, une crue du Rhône ouvrit des brèches nombreuses aux chaussées comprises entre la Montagnette et Arles. Les consuls de la ville d'Arles et les syndics de l'association du Trébon firent fermer avec diligence les brèches formées sur leur territoire; mais l'association de Tarascon y mettant moins d'activité ou de bon-vouloir pour les siennes, une crue, celle de 1706, fit irruption par les brèches restées ouvertes, et la vallée toute entière fut de nouveau submergée.

Une action en dommages et intérêts fut intentée par la ville d'Arles et les syndicats intéressés, contre les consuls de Tarascon, pour inexécution des transactions de 1329 et 1361, dont les consuls de Tarascon contestaient les obligations. Sur cette action en dommages et intérêts intervint une transaction nouvelle, celle du 2 mars 1707, stipulant: qu'à l'avenir et à perpétuité, les chaussées, depuis le Pas-de-Bousquet, près des limites des territoires de Tarascon et de Boulbon, jusqu'à la porte de la ville d'Arles, dite de la Cavalerie, seront entretenues, à frais communs et par égale part, par les deux communautés d'Arles et de Tarascon.

Il est à remarquer, que si les consuls d'Arles engageaient la communauté toute entière en garantie de la foi et pour l'honneur du contrat, les conséquences financières de la transaction incombaient, de cette part, à la seule association des chaussées du Grand-Trébon, l'un des quartiers du territoire de cette ville; association, dont les syndics étaient présents à la transaction et l'ont signées, dûment autorisés par les délibérations de leurs associés des 13 et 20 février 1707. Comme aussi, en conséquence de l'acte passé, notaire Vaugier, entre la communauté d'Arles, les syndics et députés de l'association du Grand-Trébon, et les consuls et députés de la communauté de Tarascon. C'est ainsi, en effet, que la transaction du 2 mars 1707 a toujours été comprise et exécutée.

La transaction du 2 mars 1707 eut pour résultat une plus grande concentration des moyens d'entretien et de conservation de la ligne de défense, de la Montagnette à la porte en amont de la ville d'Arles, dite de la Cavalerie, par une sorte de fusion incomplète des associations de Tarascon et du Grand-Trébon d'Arles. Chacune de ces associations conservait son administration propre, son cadastre particulier ; mais, chacune contribuait pour moitié aux frais de la ligne toute entière ; sauf le concours financier que chaque communauté pouvait leur accorder.

En dessous d'Arles, pour le Plan-du-Bourg, jusqu'à la mer, rien ne fut changé ; ce quartier du territoire d'Arles resta avec sa ligne de chaussée à entretenir isolé- ment, par les soins d'une multitude de petites associations, presque toutes formées des seuls domaines immédiatement riverains du fleuve.

Les choses restèrent en l'état jusqu'à l'organisation du service spécial du Rhône ; les ingénieurs placés à la tête de ce service proposèrent de réviser la constitution des syndicats, pour mettre de l'ensemble dans la défense et appeler tous les proprié- taires à y concourir suivant leur intérêt.

Sur la rive gauche du Bas-Rhône, les ingénieurs se bornèrent à proposer la révi- sion des syndicats du Plan-du-Bourg d'Arles à la mer, dont l'organisation était des plus vicieuses. De la Montagnette à Arles, ils demandèrent le maintien des deux associations de Tarascon et du Grand-Trébon d'Arles, liées par la transaction de 1707 ; parce que, malgré leurs imperfections, elles avaient fonctionné d'une manière à peu près satisfaisante pendant cent cinquante ans ; et que, l'art. 2 de la loi du 14 floréal an XI ne prescrit la révision des statuts des associations syndicales, qu'aux cas que l'application des réglements, ou l'exécution du mode consacré par l'usage, éprouvera des difficultés ; ou lorsque des changements survenus exigeront des dis- positions nouvelles.

L'ordonnance royale du 14 octobre 1847 prescrivit la réorganisation des syndi- cats du Plan-du-Bourg, et la fusion en une seule des nombreuses associations de ce quartier. Cette ordonnance fut révisée, mais seulement dans quelques-unes de ses dispositions réglementaires, par un arrêté du président de la république, du 28 mars 1849, rendu dans la forme des réglements d'administration publique. En vertu de cet arrêté, eut lieu l'expertise, ayant pour but de présenter un projet de classifi- cation des terrains, avec un rapport à l'appui, afin d'éclairer les enquêtes ; ces en- quêtes et l'ensemble des formalités prescrites par la loi du 16 septembre 1807 ont été accomplies, et couronnées le 25 mars 1856 par la décision de la Commission spéciale. Cette décision a été attaquée par quelques propriétaires par un recours au Conseil-d'État.

Sur les confins de l'association du Grand-Trébon d'Arles, affiliée, ainsi qu'il a été dit plus haut, à celle de Tarascon et du syndicat général réorganisé du Plan-du-Bourg, se trouve une vaste surface de marais nouvellement desséchés, après une série de tentatives qui remontent à plus de deux cents ans. Ces marais, avant leur dessèchement, ne contribuaient pas à l'entretien des digues du Rhône ; leur état permanent de submersion rendait pour eux cet entretien peu important. Le traité passé pour leur dessèchement, le 16 juillet 1642, prévoyait cependant qu'ils devaient y contribuer, après leur dessèchement, puisque ce traité porte la disposition suivante : « Les chaussées des quartiers de Trébon et Plan-du-Bourg seront entretenues à bon et dû état, à l'accoutumée, par les intendants et levadiers desdites chaussées, à quoi ledit sieur de Wan-Ens (l'auteur du dessèchement) ne contribuera qu'après ledit dessèchement fait, et sera de même franc des dettes tant en capitaux qu'en intérêts conçus, et qui pourront se concevoir jusqu'au bout desdites douze années. »

Lesdites douze années étaient la période de temps durant laquelle le sieur de Wan-Ens s'obligeait, par le traité, de parfaire le dessèchement.

Par une série de causes, qu'il est inutile d'énumérer, mais, dont les inondations du Rhône ont été la principale, le dessèchement d'abord réussi, dépérit successivement, au point d'être presqu'abandonné. Cette grande opération, reprise en 1833, fut complète en 1836 ; elle eut un succès éclatant.

De 1642 à 1836, les marais avaient continué à ne point contribuer à l'entretien des chaussées du Rhône.

Le décret impérial du 15 mai 1813, relatif à la conservation des chaussées du Rhône sur les territoires des communes d'Arles et Notre-Dame-de-la-Mer, disposait : Article premier. « Les propriétaires riverains des chaussées du Rhône, intéressés à leur conservation, mais qui ne font partie d'aucune association, seront réunis en association ou incorporés à l'association la plus voisine, par le Préfet, sur l'avis de la commission centrale : Dans ce dernier cas, ils contribueront en proportion de leur intérêt, aux charges de l'association, excepté aux dettes contractées avant leur incorporation.

Article 2. « Les propriétaires non riverains des chaussées qui profitent de leur
» établissement, et qui ne contribuent pas à leur entretien, seront également incor-
» porés à l'association la plus voisine et aux mêmes conditions. »

Après l'inondation de 1840, le syndicat des chaussées du Grand-Trébon d'Arles,
écrasé par les charges qui pesaient sur son étroit périmètre, voulut l'agrandir par
l'adjonction des marais qui l'avoisinent, et qui, parfaitement desséchés, donnaient
de magnifiques récoltes protégées par ses chaussées. Ce syndicat, après s'en être
entendu avec le Préfet des Bouches-du-Rhône, fit dresser des rôles qui furent ren-
dus exécutoires par l'arrêté du préfet, du 7 décembre 1841. Cet arrêté fut déféré,
pour vice de forme, au ministre de l'intérieur, qui, après avoir pris l'avis du conseil
général des ponts-et-chaussées, déclara qu'il n'avait pas été procédé en conformité
de l'art. 53 du décret du 15 mai 1813, et ordonna que l'incorporation devait être
accomplie en suite d'un réglement d'administration publique. Cette décision du ministre de l'intérieur est de 1843 ou 1844.

Douze ou treize ans après, le 25 mars 1856, la Commission spéciale nommée, en
exécution du décret de réorganisation du syndicat des chaussées du Plan-du-Bourg,
rendait sa sentence. L'expert géomètre avait reconnu que les marais desséchés,
non seulement ceux qui confrontent directement le Plan-du-Bourg, mais ceux du
Petit-Trébon et des Baux, en communication avec les premiers, mais placés plus au
nord et plus rapprochés de l'association des chaussées du Grand-Trébon, ne contri-
buant nulle part, étaient inondables par la succombance des chaussées du Plan-du-
Bourg; qu'ils avaient intérêt à leur conservation, et, à ce titre, cet expert géomètre
les avait compris dans ses propositions de périmètre et de classification. La Commission spéciale saisie de ces propositions, ne les trouvant pas suffisamment com-
battues et réfutées aux enquêtes par les réclamations des intéressés, a définitivement, sauf recours au Conseil-d'État, incorporé ces marais dans le périmètre syndical du Plan-du-Bourg, et assigné la proportion de leur concours au paiement des
charges selon leur intérêt.

Cette sentence de la Commission spéciale a été déférée au Conseil-d'État par les
propriétaires des marais desséchés; le pourvoi est en instance; le motif principal
de la requête est que, selon les dispositions de l'art. 2 du décret impérial du 15 mai

6

1813, les marais desséchés du Petit-Trébon et des Baux ayant un intérêt considérable aux chaussées d'amont, c'est-à-dire à celles du Grand-Trébon et de Tarascon; tandis qu'ils n'ont qu'un intérêt fort contestable ou nul aux chaussées d'aval, c'est-à-dire à celles du Plan-du-Bourg; et qu'étant d'ailleurs plus voisins de celles-là que de celles-ci, ils doivent être incorporés dans l'association supérieure, dans celle du Grand-Trébon.

Telle était la situation des choses et l'équilibre des intérêts respectifs; lorsqu'a été ouverte l'enquête sur les projets de travaux de défense de la ville de Tarascon, de son territoire, de celui des communes inférieures, et sur la proposition de la répartition des dépenses entre l'État, le chemin de fer et les intéressés, formulée par la décision ministérielle du 23 novembre 1857.

Les projets mis à l'enquête ne comprennent pas les travaux de défense en aval de la ville d'Arles. Les projets de travaux, présentés à l'enquête, ne comprennent que ceux à exécuter à Tarascon et sur son territoire. Ceux du rehaussement et du doublement des 42,190 mètres des chaussées du Plan-du-Bourg, de l'aval de la ville d'Arles à la mer, n'y sont pas compris.

Délibérations du conseil municipal et du syndicat des chaussées de Tarascon. Le conseil municipal de Tarascon, dans sa délibération du 5 mars 1858; l'association des chaussées de Tarascon, par sa délibération du 28 février 1858, ces deux délibérations versées à l'enquête, concluent à ce que, déduction faite de la part dans la dépense des travaux projetés que l'État prendra à sa charge, après du retranchement du contingent dans ces dépenses, imputé à la compagnie du chemin de fer ou imposé aux autres communes, le reste soit partagé par moitié entre les syndicats de Tarascon et du Grand-Trébon, conformément à l'acte de transaction du 2 mars 1807 qui les lie.

Délibération du conseil municipal d'Arles. Le conseil municipal d'Arles, par sa délibération du 18 mars 1858, expose la situation déplorable des deux associations intéressées sur son territoire; dit, que l'association du Grand-Trébon, affiliée à celle de Tarascon, quant aux dépenses, y contribue en fait pour moitié, quoique le revenu réel, et partant l'intérêt de son étroit périmètre, soit plus de dix fois moindre que celui de Tarascon; et cela, en vertu de la transaction du 2 mars 1707, pour l'application de laquelle des débats judiciaires nombreux se sont élevés entre les deux associations; et malgré les changements considérables, malgré la transformation complète des lieux et le renversement de l'ordre des intérêts.

Pour l'association du Plan-du-Bourg, le conseil municipal d'Arles dit que, placé en
dehors de la transaction du 2 mars 1707, ce syndicat ne saurait être appelé à contribuer aux travaux des chaussées en amont de la ville d'Arles ; que son contingent
aux dépenses de la protection générale sera largement fourni et d'une manière
écrasante pour son revenu imposable si restreint, par l'exhaussement, le doublement et l'entretien de 42,190. mètres de chaussées laissés à sa charge exclusive,
avec le seul concours de l'État.

Le conseil municipal d'Arles appuie ses déclarations à l'enquête de tableaux com-
paratifs de contenances, de revenus et de charges ; lesdits tableaux annexés à sa délibération, et conclut à ce que, les périmètres respectifs des associations anciennes
soient maintenus, tout en modifiant dans leur intérieur leurs bases de cotisation,
de manière à ce que partout et toujours les intéressés aux travaux n'y contribuent
qu'à raison de leur intérêt, selon les principes de la loi du 14 floréal an XI et selon
l'équité.

Le syndicat des chaussées du Plan-du-Bourg, par sa délibération à la date du
21 février 1858, demande son exonération complète de toute contribution aux dépenses des projets mis à l'enquête : il est en dehors de la transaction de 1707 ; selon
l'état primitif et naturel des lieux, il aurait pu se défendre directement et à peu de
frais des inondations supérieures par des digues transversales de bien moins d'étendue et d'une assiette plus solide que celle de la Montagnette ; puisque ces assiettes
auraient reposé sur des barrages naturels qu'il aurait suffi d'exhausser.

Délibération du syndicat des chaussées du Plan-du-Bourg.

Ce syndicat s'élève contre le principe que, le seul fait de submersions réelles ou
possibles par le renversement des ouvrages de défense à construire ou à entretenir en amont, puisse toujours être opposé avec justice aux inférieurs, lorsque
surtout ils sont déjà constitués par l'administration publique en associations syndicales chargées de contribuer à un système général de défense basé sur le concours
de syndicats échelonnés sur les rives du fleuve. L'opinion contraire induirait en
effet à conclure, pour le Rhône, par exemple, que le territoire le plus inférieur,
celui du Plan-du-Bourg, devait se défendre lui-même et contribuer à tous les endiguements supérieurs jusqu'à Montélimart, Valence ou Lyon, si le cours du Rhône
était ainsi constitué, qu'entre le lit majeur du fleuve et les encaissements naturels
de la vallée, il y avait une issue possible aux eaux débordées du Rhône supérieur,

Qu'alors les charges cumulatives qui pèseraient sur le territoire du Plan-du-Bourg, absorberaient, non pas seulement son revenu tout entier, mais des dixaines de fois sa valeur capitale.

Le syndicat du Plan-du-Bourg déclare encore, qu'au lieu de faire peser sur les inférieurs les dépenses de travaux exécutés en amont, on devrait, avec plus de justice, considérer ces territoires comme les victimes de l'exécution de la plupart de cés travaux, qui rendent leur propre défense toujours plus onéreuse, plus difficile, plus désespérée ; et, à ce titre, leur venir puissamment en aide pour leurs propres travaux. A cet égard le syndicat du Plan-du-Bourg expose la situation déplorable de son enclave, sur certaines parties de laquelle les charges locales cumulées arrivent déjà à plus de 46 pour 100 du revenu réel, et ne sont nulle part inférieures au tiers de ce revenu.

La Commission d'enquête, ayant à donner son avis motivé sur ces déclarations à l'enquête, résume cet avis dans les motifs du délibéré suivant :

Vu les dires et les déclarations à l'enquête ;

Vu les transactions du 2 mars 1707 ;

Vu la loi du 14 floréal an XI ;

Vu la loi du 16 septembre 1807 ;

Vu le décret du 15 mai 1813 ;

Considérant que, si en principe, il est d'une bonne et sage administration de grouper les intérêts, de centraliser les efforts, de constituer l'unité de résistance contre le Rhône par son endiguement, il faut cependant, pour que cette concentration soit possible, pour que cette unité soit salutaire, qu'il y ait entre les intérêts une certaine homogénéité, entre les situations une certaine réciprocité, sans lesquelles l'association serait une source de discordes, de déchirements intérieurs et, partant, de désastres.

Considérant que, par la transaction du 2 mars 1707, depuis cent cinquante ans appliquée, deux groupes d'intérêts bien distincts étaient définis et séparés sur la ligne d'endiguement du Rhône, de la Montagnette à la mer, savoir : le groupe d'a-

mont, représenté par les associations des chaussées de Tarascon et du Grand-Trébon d'Arles , qui s'étaient chargées en commun de l'entretien de la partie de chaussées de la Montagnette à la porte de la ville d'Arles, dite de la Cavalerie, sur une
longueur de 20,400 mètres ; le groupe d'aval , représenté par les associations du
Plan-du-Bourg , réunies en une seule par le décret du 28 mars 1849, chargées de
l'entretien et de la conservation des chaussées d'Arles à la mer, sur une longueur
de 42,190 mètres. Qu'aucun intérêt public considérable ne prescrit la fusion de ces
deux groupes d'intérêts ; qu'au contraire , par les motifs ci-dessus indiqués , l'intérêt public repousse cette fusion par les dissendances et les rivalités qui en seraient
la suite infaillible sur un tel développement de chaussées ;

Considérant que les bases de répartition des dépenses syndicales entre les associations des chaussées de Tarascon et du Grand-Trébon d'Arles , telles qu'elles
résultent de la transaction du 2 mars 1707 et des cadastres spéciaux à chacune
d'elles , ne sauraient être maintenues, en l'état des changements considérables qui
se sont produits dans la situation des lieux et des débats judiciaires qui se sont élevés , notamment depuis ces changements. Qu'il importe de ramener dans ces associations confondues désormais dans un seul périmètre , le salutaire et équitable
principe de la contribution proportionnelle à l'intérêt.

Considérant que l'art. 2 du décret du 14 mai 1813, établit en principe, que les
propriétaires non riverains des chaussées, qui profitent de leur établissement et
qui ne contribuent point à leur entretien , seront incorporés à l'association la plus
voisine. Qu'en fait , sur les limites des associations du Grand-Trébon d'Arles et du
Plan-du-Bourg, se trouve une vaste surface de marais desséchés qui n'étaient
cotisés ni à l'une ni à l'autre de ces associations; qu'il importe de les incorporer
à l'association la plus voisine ; en conformité des dispositions du décret précité,
nonobstant toute anticipation qui aurait pu être faite sur eux par des actes déter-
minant de nouveaux périmètres à ces deux associations. Qu'ainsi, selon l'affinité des
intérêts , la situation des lieux et le voisinage des territoires , les marais du Petit-
Trébon d'Arles, ceux de la vallée des Baux, les dépendances des communes de
Fontvieille, Paradou, Maussane et Mouriès inondables par les eaux du Rhône, soient
réunies à l'association d'amont, à celle de Tarascon-Grand-Trébon ; que les marais de
partie du bassin du pont de Crau, du Plan-du-Bourg, de Meyranne et les dépendances de la commune de Fos , inondables par les eaux du Rhône , seraient maintenues dans le périmètre de l'association d'aval, du syndicat du Plan-du-Bourg. Que

la ligne séparative des deux syndicats pourrait être convenablement placée au pont de Crau, et tracée par le viaduc de la route départementale n. 1;

Considérant que, durant les délais indispensables à la réorganisation, selon les principes et les formes de la loi du 16 septembre 1807, de l'association des chaussées de Tarascon-Grand-Trébon fusionnée et agrandie par les incorporations nouvelles; si tôt que cette réorganisation aura été décrétée, comme elle doit l'être, avant tout paiement pour les travaux projetés; il importe de pourvoir aux nécessités des dépenses communes, de manière à ce que le principe de la proportionnalité des charges à l'intérêt ne puisse être lésé, ce qui ne saurait avoir lieu qu'à l'aide d'emprunts, qui seront ultérieurement remboursés en capital, intérêts et frais, sur les bases du nouveau cadastre à établir; sans que les propriétaires des terrains nouvellement incorporés puissent prétendre, qu'ils ne doivent contribuer aux dépenses qu'à partir du jour où la Commission spéciale aura prononcé leur incorporation dans le périmètre syndical et arrêté leur classification.

Par ces motifs, la Commission délibère de donner l'avis que :

1° Il soit pourvu à l'entretien et à la conservation des chaussées de la Montagnette à la mer, sur la rive gauche du Rhône, par deux syndicats indépendants l'un de l'autre administrativement et financièrement. L'un des syndicats, celui de Tarascon-Grand-Trébon d'Arles, chargé du tronçon de chaussée de la Montagnette, à la porte de la ville d'Arles, dite de la Cavalerie. L'autre de ces syndicats, celui du Plan-du-Bourg, chargé du tronçon de chaussée d'Arles à la mer.

Que, par suite de cette distinction, de cette séparation des intérêts, le syndicat du Plan-du-Bourg soit complètement exonéré de toute participation aux dépenses des projets mis à l'enquête.

Comme aussi, que le syndicat Tarascon-Grand-Trébon soit affranchi de tout concours aux dépenses des travaux projetés du rehaussement et de la consolidation des chaussées d'Arles à la mer.

Que cette exonération réciproque de chacun de ces deux syndicats aux dépenses de l'autre, existe à l'avenir pour l'entretien de leurs chaussées respectives, et cela, à perpétuité.

2° Qu'un nouveau cadastre, établi dans les formes et selon les principes de la loi du 16 septembre 1807, règle au plutôt les bases de la répartition des charges syndicales dans le syndicat fusionné de Tarascon-Grand-Trébon d'Arles.

3° Que les marais desséchés et autres terrains qui, intéressés à l'établissement des chaussées dépendantes des deux syndicats ci-dessus, ne contribuaient pas à leur conservation ou à leur entretien, soient incorporés au syndicat le plus voisin ; et qu'ainsi, le Petit-Trébon d'Arles, la vallée des Baux, les dépendances des communes de Fontvieille, Paradou, Maussanne et Mouriès, inondables par les eaux du Rhône, soient compris dans le périmètre du syndicat de Tarascon-Trébon d'Arles, et contribuent à ses dépenses proportionnellement à leur intérêt. Les marais et tous terrains du Plan-du-Bourg, coustières de Crau, de Meyranne et les dépendances de la commune de Fos, inondables par les eaux du Rhône, soient compris dans le périmètre du syndicat du Plan-du-Bourg, et contribuent à ses charges proportionnellement à leur intérêt.

Que le viaduc de la route départementale n. 1, d'Arles à Marseille, soit indiqué comme la ligne divisoire entre les deux syndicats.

4° Que, durant les délais de la réorganisation du syndicat Tarascon-Grand-Trébon d'Arles, il soit pourvu aux dépenses communes, à l'aide d'emprunts qui seront ultérieurement remboursés en capital, intérêts et frais, sur les bases du nouveau cadastre à établir, de manière à ce que tous les associés, tant anciens que nouveaux, supportent leur part proportionnelle de la charge du remboursement de ces emprunts.

Plus, n'ayant été délibéré, la Commission ayant terminé sa mission, a clos ses séances, et tous ses membres présents ont signé le procès-verbal ci-dessus.

Arles, ce 10 avril 1858.

FORNIER DE VIOLET, *Président ;*
BOUVIER, CARTIER, ANDRÉ,
AUDIBERT, ROUGEMONT,
C. DE PERRIN DE JONQUIÈRES, *Secrétaire.*

Arles, Imprimerie Veuve CERF, place du Sauvage, 7.

www.ingramcontent.com/pod-product-compliance
Lightning Source LLC
Chambersburg PA
CBHW050548210326
41520CB00012B/2771